U0001632

野生酵母研究室

MITAMURA

蜜塔木拉

——著——

從零開始認識酵母、養酵母、
做五十款中西式麵點
的自然發酵手記,
原味零添加的好味道!

推薦序

1981 年，我將日本傳統手作食物以「手繪圖」的方式編寫了「手作りの味いろいろ」（中文譯為「各種手作食物」）。隨著時代變遷，食品加工技術的高度發展，賣場超市裡五花八門的加工食品充斥在我們生活之中。社會上大家都口口聲聲宣導「減鹽」、「少鹽」、甚至「無鹽」，但卻不知「鹽」是最原  始最天然的防腐材料。減鹽的下場就是添加了一堆化學防腐劑和人工調味料，反而因小失大。製作麵食也是一樣，早已不知何謂原汁原味。我這位來自台灣的媳婦，令我刮目相看，展現對於野生酵母自然發酵的好奇，願意從零開始研究發酵知識，不畏手作的費時費工，做出令我們驚奇的美味麵食。培養野生酵母再加以製作成品，是一件非常勞心勞力的工作，但經過長時間發酵所呈現出的獨特風味是無可取代的。我誠心建議大家打開這本書，一探野生酵母有趣的世界。

曾任東京都立園芸高等学校 食品化学科教師 兼 日本傳統手作食達人　**三田村邦彥**

這是一本野生酵母初學者也看得懂、會想動手做的食譜書，看完會改變你對野生酵母的想法，做過會讓你更喜愛野生酵母的滋味！

天然酵母烘焙研究會副管理員 台灣　**蔣欣珊**

憑藉著讀了幾年的有機微生物學，因緣際會的和蜜塔老師結緣，很榮幸的成為野生酵母烘焙研究社的頭號粉絲社員。 推薦喜愛自家手作烘焙的朋友們，和我一起跟著蜜塔老師進入不可思議的野生酵母世界。

天然酵母烘焙研究會頭號社員及公認高手 英國　**陳吉蒂**

我對蜜塔的手藝非常有信心。蜜塔木拉的第一本早午餐烘焙書，內容多樣化，兼具知識性，被我稱為小百科。現在，蜜塔又要準備出第二本天然酵母烘焙書，相信它也會像第一本書，充滿誠意，內容詳盡紮實，我已迫不急待想要好好閱讀，對於努力想學習製作天然酵母，並以此製作出好吃的麵包的同好，我真心推薦，這本書絕對是唯一的選擇。

蜜塔木拉粉絲專頁頭號粉絲 澳洲　**Rachel Tsai**

蜜塔長年都在鑽研天然酵母，對天酵無所不知。但她卻能將這專門的學識，深入淺出的介紹給我們 ，讓我們較容易的去實踐，失敗的機會也大大減少！對初次去接觸天然酵母又或者想深研的讀者，這本書實在是不二之選啊！

蜜塔木拉粉絲專頁頭號粉絲 香港　**Reika Leung**

自 序

　　2018 年，在「幸福文化出版社」邀稿支持下，出版了「豐盛的早午餐烘焙全書」，獲得熱情的回響，鼓勵我再接再勵，創作一本以「野生酵母自然發酵」為主題的手作麵食專書。

　　為什麼選擇以「野生酵母」為主題呢？必須從我在四年前facebook 裡創立的「天然酵母烘焙研究會」社團說起。記得剛開始進入野生酵母烘焙世界的我，驚豔於野酵麵包的美味，於是動念開設以「野生酵母」為主旨的社團，起初只是單純想把自己野生酵母烘焙的經過紀錄下來，但隨著社員的人數不斷增加，加上許多是初入此世界的「新手」，社團投稿欄總是充滿著許多人對於培養野生酵母的疑問，當時我個人簡單地編寫了「天然酵母新手上路手冊」，以提供新手們參與天然酵母手作的參考。

　　社團經過將近四年的經營，在許多熱心前輩社員們的協助和指導之下，也成為臉書中「野生酵母或天然酵母」相關主題的優質社團！更沒想到這舉動也受到了出版社的青睞，促成了我開始動念把這幾年自己摸索的經驗以及在社團裡受益學習的所學所知，歸納編寫成一本有關自養野生酵母手作麵點的全書。

　　然而，這本書的創作過程，簡直是一場「抗戰」。除了克難的創作環境之外，最艱難之處，這是一場亦敵亦友的作戰。

　　那看不見的微生菌大軍，它們是我的敵手，也是我的夥伴，它們努力地發揮發酵使命，但總是有搗蛋的、不聽話的、龍蛇雜處，各有盤算，沒有它們，這一切都無法完成，但有了它們，一切變的更複雜困難。菌工們在戰場上打輸了，失敗就重來。我若和菌工們處不好，也得重來。「重新來過」，是我野生酵母生活日子裡的家常便飯。也因此，如何駕馭應對「野性」才是這本書最嚴峻的挑戰，更是這本書的重點精華所在。

　　縱使野酵生活如此費時費力，但一旦品嚐過野酵麵食的「樸味」，就再也無法「回頭」了。

樸味，代表著樸實、自然、真實、單純，每一口的細細咀嚼都是一種味蕾的享受。野生酵母給予麵團的兩大使命，口感和風味。用最單純的原料，最原始的方法，做最簡單的麵包，野生酵母自然而然幫我們揉了麵，調了味，我們要做的，只有一件事，等待。等待，是對於野生酵母菌工們的尊重，耐不住性子或是一個猴急，就辜負了它們的努力，可惜做了白工了。這些都是我這幾年來對於純粹野生酵母麵食的深切感受。

　　身為一名家庭主婦的我，單純為追求「原汁原味」的麵食風味，從生活實踐中找回老祖先最原始的發麵方式，透過自己的雙手培養出一群屬於自己的發酵軍團，這些偉大的菌工們，發揮它們的野生能量，創造出一顆一顆美味的奇蹟麵包。我決定將對野生酵母自然發酵熱愛的情懷和手作實踐與同好們分享，從對微生物與發酵關係的理解、培養各種酵種的紀錄與問題，到成就中西式美味麵食的全程手作等等鉅細靡遺地紀綠下來，並且把所有遭遇到的情況、眉角、注意點做最詳細的整理歸納。

　　除了不斷地請益於身為日本傳統手作食品專家的公公之外，幾乎是把圖書館整個給翻了過來，收集所有從古代到現代，原始到創新，從西方到東方，內容從微生物到菌種，從菌種到發酵，再從發酵方法到手作麵食，一個人歷經將近半年的計劃、實作、書寫、拍攝，浩大的工程又是把身心逼近極限了。尤其在設計麵點食譜上，嘗試使用各類酵種的優勢，利用不同酵種型態加以組合調配，想對讀者表達的是「野生酵母的食譜不在於提供精確的比例和份量，而是傳達一種對野生酵母野性的變通與認識。」

　　這本書的誕生就如十月懷胎辛勞無人知。終於等到這本書上市了，心中又是無比的歡喜和興奮。感謝各界好朋友們的支持和鼓勵，幾乎風雨無阻不斷地在專頁裡留言打氣，是讓我堅持到最後關頭的無形推力。還有一路走來相挺的家人以及幸福文化出版社全體辛勞的工作團隊們，除了感謝，還是感謝。

　　最後給自己一個歡呼，辛苦了。

蜜塔木拉 Mitamura

Chapter 1 返璞歸真養酵母

Chapter 2　原汁原味做麵食

頁數	麵點名稱	酵母結構	酵母內容	發酵程度	操作難度
128	**百吃不厭的經典麵包**				
	蛋奶系 Rich				
129	日式鹹奶油餐包 Japanese Savory Roll	酵種	白酸種	中	★★★
134	英式瑪芬麵包 English Muffin Bun	酵種	白酸種	中	★★★

頁數	麵點 名稱	酵母 結構	酵母 內容	發酵 程度	操作 難度
138	金時紅豆麵包 芝蔴紅豆甜餡餅 Japanese Sweet Red Bean Bun	酵種	葡萄乾酵母粉 高筋白麵粉還原續種	中	★★★
142	紫薯花卷麵包 Purple Yam Spiral Bread	酵種 酵液	牛奶蜂蜜酵母 裸麥麵粉起種 高筋白麵粉續種	中	★★★★
146	雞蛋方塊小餐包 Egg Pave Bun	酵種	葡萄乾酵母 全麥與高筋白麵粉混 合起續種	低	★★★
150	黑糖肉桂麵包卷 Brown Sugar Cinnamon Roll	酵液	優格蜂蜜酵液	中	★★★
154	奶油菠蘿麵包 Pineapple Bun	酵種	白酸種	中	★★★★
158	抹茶藍莓貝果 抹茶藍莓花圈麵包 Matcha and Berry flavored bread	酵種	優格酵母 全麥麵粉起種 高筋白麵粉續種	中	★★★★
162	香濃蛋奶吐司兩款 Rich Flavor White Loaf	酵種 酵液	葡萄乾酵母 高筋白麵粉起種 葡萄乾酵液	高	★★★★★
167	|**專欄**|手揉製作百分之百野生酵母吐司麵包的注意重點				
168	椰香雙色夾心吐司兩款 Coconut and Yam Filling Loaf	酵種 酵液	蘋果酵母 高筋白麵粉起種 蘋果酵液	高	★★★★★
172	法式可頌麵包 Croissant	酵種	葡萄乾酵母 高筋白麵粉起種	中	★★★★★

頁數	麵點 名稱	酵母 結構	酵母 內容	發酵 程度	操作 難度
272	|專欄| 百分之百野生酵母製作鮮肉包子的注意點				
273	馬鈴薯燉肉包子 Pork and Potato Stew Baozi	酵種	裸麥酸種	中	★★★★
277	農家素菜水煎包 Vegetarian Pan-Fried Baozi	酵種	蘋果酵母 高筋白麵粉起續種	中	★★★★
281	香蔥軟燒餅 Soft Scallion Roll 脆皮蔥油餅 Crispy Scallion Pancake	酵種	蘋果酵母 高筋白麵粉起續種	中	★★★
285	古早味芝麻燒餅 Chinese Sesame Flatbread 蔬菜卷餅 Cheese and Veggi Wrap	棄種	白酸種棄種	無	★★★★
289	**精緻可口的點心蛋糕**				
290	義式什錦堅果脆餅 Dried Fruit and Nut Biscotti	酵種	裸麥酸種	中	★★★
293	蒜香起司麵包棒 Parmesan Garlic Grissini	酵種	優格酵母 高筋白麵粉起續種	中	★★★
296	哇沙比芝麻脆餅 Sesame Wasabi Cracker	酵種 酵液	葡萄乾酵母 全麥與高筋白麵粉 混合起續種 葡萄乾酵液	低	★★
299	向日葵籽胚芽司康 Sunflower Seeds & Wheat Germ Scone	酵種	牛奶蜂蜜酵母 裸麥麵粉與高筋白麵粉 混合起種	低	★★
302	無麩質香蕉布朗尼蛋糕 Gluten-Free Banana Brownies	酵液	優格蜂蜜酵母液	低	★
305	無麩質黑糖蛋糕 Gluten-Free Brown Sugar Cake	酵渣	葡萄乾酵母酵渣	無	★★★
309	蘋果風味戚風蛋糕 Apple Chiffon Cake	酵渣 酵液	新鮮蘋果 酵母酵渣與酵液	無	★★★

Chapter

1

返璞歸真
養酵母

　　遠溯古埃及人的飲食文化可知，麵包和啤酒是息息相關，缺一不可。古埃及人在釀酒之前會先烘烤一個大麥麵包，再將這個大麥麵包浸泡在水中，靜置發酵成為如甜粥般的啤酒。然後再從啤酒中取得麵包酵母做成酵種以烘焙麵包。做麵包釀酒，再釀酒做麵包，如此循環不斷，生生不息。古代希臘人釀製葡萄酒，再從葡萄酒中汲取果渣，利用果渣混合麵粉做成發酵麵團以烘製麵包。中國古代，對發酵的認識最早也是來自於釀酒，人們發現把蒸煮過的穀物（飯）放在空氣中，很快長了霉。這些發了霉的飯放在水中浸泡產生了酒氣，再將這些「霉飯」放入未長霉的穀物或飯中又變成酒母，古人便稱它為「曲」，以曲釀酒。並嘗試將這道理運用於麵團上，老麵團養出了新麵團，新麵團又變成了老麵團，蒸出了一顆顆鬆軟彈牙的饅頭和包子。這些都是自製野生酵母手做麵食最古老的紀錄。

　　野生酵母自然發酵所產生的神祕力量，人們一度以為是神力，甚至在古代歐洲，在麵團上切劃十字架印記以防邪靈。直到 17 世紀末顯微鏡的發明讓人們看到了「酵母菌」真正的面貌，進入 19 世紀，工業革命加速乾燥與壓濾技術的發展，實現了壓榨新鮮酵母的量產與商業化。

　　直到今日，隨著科技的進步，應用於麵包烘焙上的酵母產品，各式各樣。從新鮮壓榨的生酵母（fresh yeast）、乾燥化的乾酵母（dry yeast）到濃縮乾燥的速發酵母（instant yeast）等各種的商業酵母（commercial yeast）。自酵母量產及麵包烘焙工業化開始，人類在酵母工業上的發展已有 200 多年的歷史了。如今，商業酵母深入家庭，廠商為了製作出高酵力和高效率的酵母產品，使製造過程中方便加工及保存，經常添加各種乳化劑，甚至是酸化防止劑。

發酵快速、強而穩定的商業酵母是麵包量產的推手，生產出一條一條又美又香的麵包，是利用許多「添加物」被「改良」了口感和香氣，雖然「餵飽」了現代人的肚子，但這些長的漂亮、香味濃膩的麵包卻和「原汁原味」愈行愈遠。愈來愈多的人開始想找回麵包的真味道，在這股「返樸歸真」的浪潮下，發現原來那一代傳一代的「自然發酵」就是真味道的奧妙所在，讓我們重拾老一輩所堅持的「樸真」發酵方法，找回那屬於家家戶戶的「原汁原味」。

酵母、酵種、發麵 三部曲

　　「自然發酵」的神祕力量都是來自那肉眼看不見的無數微生物。飄浮在空氣、器具、麵粉中的酵母菌，在溫暖的爐火邊經過一夜之間的發酵，讓麵團脹滿了空氣，乾硬的餅皮化身成了鬆軟彈口的麵包。

　　麵粉和水代表營養、爐火代表溫度、一個晚上代表時間，這些是酵母產生發酵作用不可或缺的要件，膨鬆的口感功歸於酵母菌，而深厚豐富的香氣與風味則是乳酸菌和無數微生物作用下的產物。

第一部

酵 母

　　人類自古以來就知道運用自然界中的各種微生物來製作各式各樣的發酵食物。自然界中難以肉眼觀察的一切微小生物，包括原核微生物（如細菌）、真核微生物（如真菌）、無細胞生物（如病毒）等等，這些微生物建構了人類的飲食歷史，人類生活榮盛都與這些微生物息息相關，共存共榮。

✤ 各類發酵食品與微生物的關係			
發酵食品	主要原料	應用微生物	目的
麵包	麵粉	酵母	氣體、風味
葡萄酒	葡萄	酵母	酒精、風味
清酒	米、麴	酵母、黴菌	酒精、風味
醬油	大豆、小麥	黴菌、乳酸菌、酵母	蛋白質分解、風味
味噌	大豆、小麥、米	黴菌、酵母、乳酸菌	蛋白質分解、風味
醋	米、果汁、酒精	黴菌、酵母、醋酸菌	醋酸、風味
優格	牛奶	乳酸菌	乳酸、風味
納豆	大豆	納豆菌	粘質物、風味
泡菜	蔬菜	乳酸菌、酵母	乳酸、風味

細菌（bacteria）：為單一細胞，細胞結構簡單，無細胞核，例如葉綠體。廣泛分布於自然界之中，與其他生物共生。醋酸菌應用於製作醋，乳酸菌應用於製造酸奶、乳酸飲料、營養品，納豆菌（枯草桿菌）製作納豆等。

真菌（fungi）：種類多元、型態各異，小如酵母菌，大至大型多孔菌，如靈芝。真菌多以腐生、寄生或共生的形式進行異營性生活，通常以滲透的方式取得養分，並且分泌酵素以分解有機物，將養分吸收入細胞內消化。人類運用真菌類供食品發酵，如製作麵包或釀酒的酵母菌（Saccharomyces）；藍紋起司是發酵後再加入青黴菌所製成；醬油、豆瓣醬、豆豉和味噌等需要米麴菌發酵；紅糟、豆腐乳等則是由紅麴菌所發酵製造等。

由此可知，微生物在人類飲食生活上扮演最重要的三大主角為：酵母菌（yeast）、細菌（bacteria）、黴菌（mold）。

酵母菌簡介

酵母菌種類繁多，屬於真菌類，目前已知約有 500 多種 56 屬的酵母菌，酵母菌主要分布在偏酸含糖的環境，各種水果的表皮、果汁、樹葉、花蜜、土壤、空氣等地方都有酵母菌，而最常被應用於人類飲食生活上的是酵母菌屬（Saccbaromyces）中的釀酒酵母（Saccbaromyces cerevisiae）。

釀酒酵母又稱為啤酒酵母，是酵母菌屬中的典型菌種，被廣泛應用於麵食發酵、釀酒，甚至被製作成飼料和營養品。細胞多為圓形、橢圓形、卵形，其繁殖的方法為出芽生殖，又稱為出芽酵母。傳說 4000 年前的古埃及人就利用酵母發酵的特性來製作麵包，而中國人早在殷商時代就利用酵母來釀酒。

酵母菌與發酵

酵母菌必須依靠分解有機物的養分以生存繁殖，包括了水、礦物質、葡萄糖、基本胺基酸、維生素等養分。酵母能夠直接吸收利用葡萄糖、果糖等單醣分子，或分泌酵素（酶），將一部分雙醣類例如蔗糖，分解成單醣而吸收。酵母菌無法直接利用澱粉等多醣類，澱粉必須經過糖化才能被酵母進一步發酵利用。

釀酒酵母繁殖增長及維生主要以兩種方式進行：「有氧呼吸」和「厭氧發酵」。當進行有氧呼吸時，細胞外產生芽體，芽體上再產生新芽體，芽體直到成熟後才脫離母細胞。相反的，當處於無氧條件下，細胞停止增殖，通過糖酵解作用，將葡萄糖轉化為丙酮酸並形成乙醛，同時釋出二氧化碳，而乙醛再還原為乙醇（俗稱酒精）而產生能量以維持生命。在釀酒過程中酒精被保留下來，在製作麵包時，當酵母菌加在富含麩質的麵粉中，先進行短暫的有氧呼吸，轉化麵粉中的糖類獲取能量以增殖生長，當麵團中氧氣耗盡後，再進行厭氧發酵，代謝出的二氧化碳被包覆在麵筋組織之中，使得麵團充滿了氣體而膨發起來，在高溫烘焙過程中，氣體、水氣和酒精會蒸發，成品的重量減輕，產生了鬆軟的口感，加上麵團在發酵過程中所產生的酒精，以及酒精和酸反應後形成的酯類物質，逐漸產生香味，這些物質恰好是麵食美味的基礎。

酵母菌生長的條件

一‧**營養**：酵母菌屬於異養微生物，與其他有機體一樣，都需要相似的營養物質，例如糖類、氮源、維生素、礦物質、水。

二‧**溫度**：酵母菌增殖適溫介於 28 ～ 32℃ 之間，低溫使酵母菌停止活動，但高溫會使酵母菌死亡而減少。

三‧**氧氣**：酵母菌在有氧和無氧的環境中都能生長。有氧環境下酵母菌進行增殖，生長快速。而在無氧環境中酵母進行發酵，將糖分解成酒精和二氧化碳。

✿ 酵母菌為什麼愛「吃甜」？

　　醣類（Carbohydrate），由碳、氫、氧元素所組成，又稱為碳水化合物，為生物體重要的能量型式。細胞透過分解代謝，轉化成各種型式的醣類以獲得能量，主要分成三大類，單醣、雙醣和多醣。葡萄糖和果糖屬於單醣，蔗糖、乳糖和麥芽糖是雙醣，澱粉屬於多醣。生物一般無法將所有醣類轉換能量，必須經過酶轉化成單醣（主要為葡萄糖）後才能被細胞吸收，為糖解作用。

　　酵母在麵團中所含的麥芽糖、葡萄糖、果糖等的醣類，透過糖解代謝作用，產生了酒精和氣體等副產物。然而酵母菌無法分泌能分解澱粉的酵素（或稱酶、enzymes），所以製作穀物類、根莖類的發酵食物時，除了酵母之外，必須藉由富含酶的「發芽穀物」或是「麴」來幫助發酵。

　　發芽穀物中，除了含有豐富的澱粉之外，也含有將澱粉轉化成單醣的醣化酵素。尤其是在發芽的穀物上，例如麥、米、玉米等都含有豐富的醣化酵素。釀製啤酒就是利用發芽麥的活性酵素來分解澱粉，產生甘甜的麥汁，再利用酵母將麥汁發酵成含有酒精的啤酒，所以又稱為「液體麵包」。

　　另外，清酒釀造時，主要使用的原料為米。米富含澱粉，必須利用「麴黴菌」分泌酶來水解澱粉和糖化，因此產生甜分使酵母發酵。

　　因此，我們可以將醣類比喻為酵母的食物，二氧化碳和酒精則是酵母新陳代謝過程中所產生的代謝物，這也是為什麼酵母菌一碰到「甜」就會活力旺盛而快速生長，因此在培養酵種時，適量加入糖分可以加速酵母繁殖的速度及活力。但注意過量的糖分，因滲透壓使酵母內的水分向外滲出，使酵母菌脫水而死。

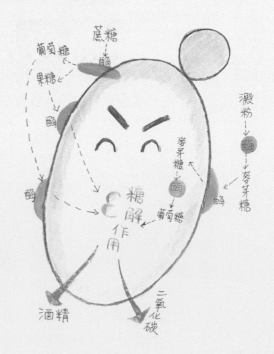

乳酸菌簡介

乳酸菌（Lactic acid bacteria, LAB），一般是指能代謝醣類而生成乳酸的細菌總稱，並以其「生成乳酸」的特徵而命名，是一群複雜且多樣的菌群，也是對人類生活有益的一類菌群，稱為益生菌（Probiotics），例如雙歧桿菌、乳桿菌、芽孢桿菌等，都是人體內不可或缺且具有重要生理功能的菌群，其廣泛存在於人體的腸道中。相反地，對人體健康有害的叫有害菌，以大腸桿菌、產氣莢膜梭狀芽胞桿菌等代表。研究結果證明，乳酸菌對人的健康與長壽非常重要。當益生菌占優勢時（占總數的80% 以上），人體則保持健康狀態，反之就處於亞健康或非健康狀態。

乳酸菌與發酵

早在 5000 年前人類就已經使用乳酸菌來發酵。到目前為止，人類日常食用的泡菜、優酪（又稱酸奶）、醬油、味噌、豆豉，甚至是酸種麵包，都是應用乳酸菌發酵的食物。和酵母菌出芽增殖不同，乳酸菌多是以分裂形態增殖，乳酸菌發酵類型按對糖發酵特徵的不同，可分為同型發酵乳酸菌（homofermentative lactic acid bacteria）和異型發酵乳酸菌（heterofermentative lactic acid bacteria）。

同型發酵是指乳酸菌在發酵過程中，能使 80 ～ 90% 的糖轉化為乳酸，僅有少量的代謝產物。引起這種發酵的乳酸菌叫做同型乳酸菌，例如乾酪乳桿菌、保加利亞乳桿菌、嗜酸乳桿菌等。

異型發酵是指一些乳酸菌在發酵過程中，使發酵液中大約 50% 的糖轉化為乳酸，另外的糖轉變為其他有機酸，像醋酸、酒精、二氧化碳等，引起這種發酵的乳酸菌叫異型乳酸菌，例如像雙歧桿菌，明串珠菌屬等。

日本乳酸菌學者北原覺雄調查酸種麵團中最有代表性的乳酸菌為 Lactobacillus sanfranciscensis 菌株，此菌株又可分離出像 Lactobacillus plantarum, Lactobacillus pentosus, Lactobacillus brevis 等共 50 種以上的菌種，代表各式各樣的乳酸菌在麵團裡作用。麵團裡含有像 Saccharomyces cerevisiae, Saccharomyces exiguous, Candida humilis 等 20 多種以上的酵母菌種，乳酸菌與酵母菌以 100：1 的比例共生共存在於麵團中。

以酸種麵包的麵團來說，在美味背後的最大功臣就是乳酸桿菌（Lactobacillus）。貢獻麵包香氣的是異型發酵中 Lactobacillus brevis、Lactobacillus fermentum、Lactobacillus sanfranciscensis 乳酸菌，而貢獻麵包酸氣的是同型發酵 Lactobacillus plantarum 和 Lactobacillus casei 乳酸菌，這兩種型式的乳酸菌以 55：45 的比例共存共生於麵團中，香氣和酸味共同作用成為食物美味的底蘊，它讓食物嚐起來有一種柔和酸味中帶著香甜的風味。這就是為什麼有人說「酵母菌是麵包的造形師，而乳酸菌則是麵包的調味師」。

除了發麵和增添風味之外，乳酸菌發酵使得麵團酸性增加，降低了麵團的 PH 值，抑制了雜菌和腐敗菌的生存，卻讓抗酸性的酵母存活下來，也讓藉由野生酵母和乳酸菌自然發酵烘焙的麵食，散發出芳醇的香味和柔和的酸氣之外，不容易老化生霉，而延長了保存時間。

✛ 米糠泡菜 —— 乳酸菌發酵的經典範例

何謂米糠泡菜？

米糠（ぬか、rice bran），是稻米加工碾米後所得的皮層，也就是米的外皮，從糙米到精米的過程中所拋棄掉的部分就是米糠。日本人利用乳酸菌讓米糠發酵，做成醃製品的基床，將蔬菜等放入糠床中醃成泡菜，是日本人傳統代表的漬物之一。這種米糠醃製過的泡菜，含有豐富的植物性乳酸菌，可說是「益生菌的寶庫」。乳酸菌，簡單分成動物性乳酸菌和植物性乳酸菌，發酵乳製品是屬於動物性，而米糠泡菜則是屬於植物性乳酸菌，絕大多數的動物性乳酸菌因為人體胃酸的關係，在到達腸道之前就死滅，但植物性乳酸菌可存活，到達腸道的乳酸菌可改善腸道環境並抑制壞菌，進而增強免疫力。

乳酸菌和米糠有什麼樣的關係？

利用乳酸菌發酵做成的泡菜，除了可以長期保存之外，在沒有人工香料的古代，此種自然發酵的方式可以增添食物的風味，讓食物更美味下飯而增進食欲。更重要的是，自然發酵過的食物，由微生物自體生成的維生素、胺基酸和食物纖維，可以增加免疫力和促進消化。

如何在家製作米糠泡菜？

因為米糠床中含有豐富的乳酸菌，泡菜主要依靠乳酸菌發酵，需每天攪拌小心照顧，隨時注意變化，避免讓其他雜菌滋生而變質。

婆婆守護 60 年歷史的米糠罈子

米糠醃床材料：

新鮮或醃製用米糠 （糧食穀物店、米店或日系超市都有販賣）	2kg
鹽	100g
水	2000cc
昆布（乾燥）	2 枚
紅辣椒	2 支
芥末粉	40g
高麗菜的葉子或菜心、白蘿蔔的葉子或皮等	適量

醃製米糠泡菜的做法：

1. 水和鹽放入鍋中，再放入昆布煮沸，放涼備用。

2. 乾淨清潔的罈子中放入米糠，分次加入步驟 1 的水，攪拌至味噌的稠度。

3. 放入紅辣椒和芥末粉攪拌，再將步驟 1 的昆布切成 3～4 等分，放入米糠中。（圖 1）

4. 把高麗菜的葉子或菜心、白蘿蔔的葉子或皮等放入米糠中，隔天拿出來捨棄，重覆 4～5 次，過程中經常從底部到上面攪拌，米糠經過這段時間，充分進行乳酸發酵（圖 2）。

1   2

5. 正式醃製泡菜。將蔬菜洗乾淨，擦乾水氣，表面抹上少許鹽(圖3)，放入米糠中，夏天醃約半日即可，春秋1日，冬天則約1～2天(圖4)。

6. 小黃瓜、蕪菁、高麗菜、白菜、茄子、紅蘿蔔都非常適合拿來做為醃製材料，爽口美味(圖5)。

3

4

5

醃床的保持方法：

　醃床，會隨著醃製時間和次數，開始出現水氣(圖6)，如果不處理，醃製食品的風味不佳。所以當水分多了，就要使用棉布或紙巾將水吸出，然後再加入新的米糠，芥末粉充分拌勻。

　每天一定要至少1次從底部到表面充分攪拌(圖7)，只要有一點怠慢，就可能變乾、變質、出蟲、發霉。如果真的發霉，可以將表面發霉的部分到深3公分的地方全部捨棄，加入鹽和芥末粉(圖8)，不要醃製任何東西，每天充分攪拌，保存3～4天之後就可以再醃製食物。

6

7

8

黴菌簡介與發酵

人類自古以來就知道利用黴菌來糖化穀物、發酵食物及釀酒，其中以麴黴菌（Aspergillus）最是活躍於人類發酵飲食生活中的黴菌之一。在煮熟的米飯中添加「麴」（中國人稱之為曲），放置在溫暖處，米粒上即茂盛地長出菌絲，利用麴黴菌的澱粉酶來糖化米的澱粉來釀造酒。

麴，是菌絲密集似絨毯的麴黴菌感染穀物而得到的物質，在生長過程中會分泌出各種酶，例如澱粉酶水解澱粉生成葡萄糖和麥芽糖，使食物產生甜味，麴黴菌中的蛋白酶可以使蛋白質水解成胺基酸和短肽，可以增加食物的鮮味。除了米麴之外，像藍紋起司是利用青黴菌製成，而豆腐乳、紅糟則是利用紅麴菌發酵製造。中國人和日本人也都利用麴來發酵大豆，再製作醬油、味噌、酒釀（甘酒）等，也可以發酵穀物或根莖類來釀酒，日本人甚至稱麴為「國菌」。

❖ 米麴甘酒 ── 喝的點滴

甘酒，分成以米麴菌發酵的米麴甘酒和酒粕製成的酒粕甘酒。米麴菌甘酒是利用米麴菌將白米發酵而成，過程中碳水化合物分解成糖分，從而帶出甜味，成為綜合酒味和甜味的酒釀。甘酒含有豐富的維他命 B 群、葉酸、胺基酸、食物纖維等各類營養素，自古以來被日本人視為天然的營養補品，又稱為「喝的點滴」（飲む点滴）。

最簡單米麴甘酒濃縮液的製作方法：

材料	乾燥米麴（常溫）	400g
	熱水（60～65℃左右）	500cc

製作方法：

1. 在電子鍋中的內鍋加入全部材料，攪拌混合後放入電子鍋中（圖1）。

2. 將蓋子保持半開狀，開啟保溫功能，維持不超過 60℃ 的狀態，保溫 6 ～ 8 小時。

3. 移至乾淨的容器中，放入冰箱冷藏庫熟成 1 晚，成為濃縮液（圖2）。

4. 食用時將濃縮液適量加入溫熱水中調合飲用（圖3）。

1　　　　　　　　　　2　　　　　　　　　　3

發酵與腐敗

　　微生物無所不在，空氣、果皮、器皿都有無數又多樣的微生物混雜共生。對人類來說，利用這些微生物來達到某種發酵目的，它們被賦予一種承擔達成某種目的的任務，能夠達成任務的就是「好菌」，搞破壞來搗亂的就是「壞菌」。但對於微生物來說，沒有好壞之分，也沒有「發酵」和「腐敗」之別，它們只不過是在弱肉強食的生態系中增殖繁衍和維持生存而已。

　　以「酒醋同源」的例子來說，釀酒的人一定不想做成醋，釀醋的人一定不想做成酒，所以對釀酒的人來說，醋酸菌被視為一種破壞好事的雜菌，對釀醋的人來說，醋酸菌才是好菌。同樣地，我們利用微生物培養發麵的酵種時，發酵過程中自然而然產生「有益菌」，同時也會有「有害菌」，一起共生在麵團中。釀酒的酵母菌、乳酸菌對麵團發酵有益的就是「有益菌」，但是那些像酪酸菌、醋酸菌、產膜酵母、青黴菌等等都是「雜菌」。有益菌一旦失去了領導地位，讓雜菌成為優勢菌種的話，

酵種或麵團則會變味變質而酸敗，最後做出失敗的麵包。所以，利用野生酵母來培養酵種並製作麵食的人，必須努力地調整材料、控制環境，或是利用微生物互相牽制、互相作用的特性，增加有益菌和抑制壞菌，達到充分「發酵」的最終目標。

培養野生酵母常見的雜菌及問題

Q：**發現酵種瓶中出現「粉紅色」的斑點，麵種表面也有少許「粉紅色」的班點，這是什麼情況呢？**

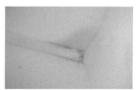

A：這個「粉紅色」的物質，其實是家庭中最常見的微生物之一，它又稱為「紅酵母」。只要檢查一下家中有水氣的地方，特別是像浴室和廚房裡，不難發現它的蹤影，如漱口杯、牙刷、水槽、製冰器、浴室的地板、排水口蓋等等，被稱為「居家常在菌」。紅酵母屬（Rhodotorula），細胞呈圓形、卵形或長形，屬多邊芽殖，增殖過程中會產生「類胡蘿蔔素（carotenoid）」，和其他菌類相比，增殖速度極快，喜好在潮溼溫暖及有皮質養分的地方繁殖，與培養酵種時所需的環境條件非常類似，因此也是一種污染酵種或食物常見的微生物。防止此種紅酵母滋生的方法就是「消毒、攪拌及更新」。在養酵的過程中確實消毒器具、經常攪拌酵種及使用新鮮材料，炎熱的地區或日子最好將酵種保存在冰箱中。最重要的就是「避免將酵種閒置不理」，就是培養酵母的基本原則。

Q：**用葡萄乾做了酵液，但發現表面長了一層白膜，這是什麼情形？**

A：酵液或酵種表面長出白膜，是產膜酵母（film yeast）作用下的產物，又稱為「醭」。它好氧並喜歡在溫暖潮溼、養分高的環境生長，外表像是黴菌，但其實是酵母菌的一種，尤其是在釀醋和釀酒時經常發現它的蹤影。在醃漬酒、泡菜、醬油、醬菜等發酵食品時，表面也會產生這種白色的菌群。剛開始只有小白斑點，然後漸漸形成一層白膜，從外觀看起來像發霉一樣，若是一直不加以理會，則會變厚變色，甚至發臭，讓整個發酵物變質腐敗，最後必須丟棄。輕微少量的產膜酵母對人體無害，但卻是食物變質

腐敗的雜菌，如果發現小白斑點的產膜酵母，雖可以用湯匙撈起，但還是建議重新製作。為了防止這種狀況，儘量不要使發酵基質暴露在空氣中。如果是醃製泡菜，可以利用盤子或重石把蔬菜壓在汁液下，但如果是培養酵液時，很難不讓基質一直保持在液體下，所以要常搖晃容器，或用消毒過的杓子「攪拌」，破壞產膜酵母滋生偏愛的環境，確實蓋上蓋子（不緊栓），使用消毒過的容器，保持乾淨的發酵空間等，注意細節做好準備，以防止產膜酵母等的污染。

Q：培養了一瓶蘋果酵種，做麵包後剩下的酵種放在冰箱中保存，一段時間都沒有取出來做麵包，所以就忘了它的存在。經過了 1 個多月，發現表面出現圓形毛狀斑點，瓶口邊緣也有青綠色的斑點，似乎是發霉了，為什麼放在冰箱保存還是會發霉呢？

A：黴菌是一種普遍存在於生活周遭的微生物，喜歡在溫暖潮濕的環境下生長，例如人體的皮膚、食物、家具等都很容易受到黴菌的感染，悶熱多雨的環境正適合黴菌大量繁殖，黴菌的生長三個要件：營養、溫暖及潮濕。黴菌適合生長的氣溫在 15 ～ 30℃ 之間，如果冰箱中存放太多東西或經常開閉，使空氣對流不佳、結霜等導致冰箱內溫度下降，或是冰箱缺少清洗，內部滋生黴菌產生交叉污染，酵種又缺乏照顧，這時就會提供發霉的最佳機會。當發現酵種表面有類似圓斑、長毛、開花、出膜等，都是受污染的現象。尤其是培養水果酵母時，像百香果粒、火龍果果肉、荔枝、莓果、葡萄等，因為基質常浮出水面，曝露在空氣中，特別容易發霉。

Q：酵種聞起來有刺激厚重的酸味，酸氣中夾帶著一種膠苦味，這是什麼原因呢？

A：「發酸」是培養酵種正常的現象。「發酸」的原因主要出現在乳酸菌、醋酸菌、酪酸菌等細菌上，發酵過程中這些細菌不斷地增殖，各有各偏好的生長條件。在正常情況下，酵母菌和乳酸菌是酵種裡的兩大優勢菌種，乳酸菌所產生的乳酸氣味是酸中帶著乳香，氣味柔和不刺激，並不是「臭酸味」。但是醋酸菌的酸氣屬於刺鼻厚重，而酪酸菌則有一股膠臭味。醋酸菌（Acetobacter），是一群在有氧環境中，能將基質中的酒精氧化並產生醋酸的細菌，屬於絕對好氣性，最適生長的溫度是 25 ～ 30℃，對酸耐受性高，喜好偏酸環境。醋酸菌可能存在於花草、水果、蜂蜜、食物、葡萄酒、醋、

飲料、土壤、水溝等中。酵種內含有醋酸菌，在發酵過程中產生醋酸是正常的，但若是醋酸菌佔上風，取代了酵母菌和乳酸菌成為優勢菌種，就會使酵種發酸，如醋般產生刺嗆的酸氣，使酵種酸敗，變成「酸臭味」。酪酸菌（又稱為丁酸菌），是一種厭氧性的芽孢桿菌，是醣類發酵代謝之後產生丁酸的細菌。這種細菌為人體腸道正常菌群之一，有些菌株能通過胃酸抑制許多致病菌的生長和繁殖，因此被廣泛地運用在醫療上。然而，酪酸菌所產生的酪酸，氣味難聞，像奶油腐臭或起司腐敗之後的味道，當酵種受到酪酸菌污染時，即會發出難聞的膠臭味，等同失敗的酵種，建議重新起種。

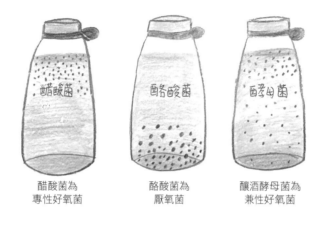

醋酸菌為
專性好氧菌　　　　酪酸菌為
厭氧菌　　　　釀酒酵母菌為
兼性好氧菌

預防酵種滋生雜菌及發霉的對策

養酵心態為「疑則不用」。只要一感覺或發現不正常的情況，直接棄養，重新起種，不用心痛。

1. 經常攪拌酵種、拌搖酵瓶及定期更新酵種。

2. 若是室溫培養，避免直射光線及溫度變化大的地方，如廚房的瓦斯爐旁、窗邊、西曬處等都不適合。

3. 選擇溫溼度較穩定的季節養酵，春秋兩季比夏冬來得適合。在炎夏時節培養酵液時，可利用冷氣房、冰箱冷藏功能，或是在酵液中放入幾片檸檬片也可抑制雜菌。

4. 平日放在冰箱保存時，記得保持冰箱內部的清潔，減少開關，避免冷藏太多的食物以保持冷度，注意溫度調控。

5. 器具的清潔極為重要，一定要消毒風乾。培養過程中若發現瓶蓋或蓋緣積蓄水氣，或沾附酵種，用乾淨的餐巾紙擦去，一旦發現發霉就必須丟棄。

✤ 為什麼要給「酵液」和「酵種」打氣？

在培養酵種等待靜置發酵的過程中，經常需要「攪拌」，我常開玩笑地稱之為「打氣」。

所謂「打氣」，就是藉著「攪拌」，將新鮮空氣打入酵液或是酵種中，以達到「破壞與更新」的目的。

酵種在發酵過程中，各種微生物在發酵瓶中產生了奇妙的生態系，每種微生物各自找尋最適合生存繁殖的環境著床，瓶子中的表面和底部就各自產生了不同的菌相，例如屬於好氣性的產膜酵母喜愛滋生在酵種的表面，而厭氣性的酪酸菌則是喜愛生長在酵種的內部和底層，兩者都是腐敗的主因。

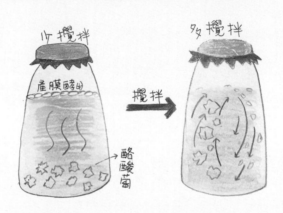

攪拌，攪亂了酵種的上下層生態，進而破壞了腐敗菌喜好的環境條件，防止酵種變酸變質。另外，攪拌更能促進基質材料的新陳代謝，保持酵種的新鮮和活力。這樣的動作在培養水果酵母時特別重要，因為浮出表面的水果基質一接觸到空氣，雜菌就會趁機而入。酵液培養時，一天平均 1～2 次。酵種活力不佳時也可以利用攪拌來促進發酵，尤其是保存在冰箱內的酵種，2～3 天取出攪拌，也可以防止變質發酸。

攪拌的動作很簡單，一手拿清潔乾燥的長型湯匙或攪拌棒，一手拿著瓶子，從底部向上攪翻。然後轉動瓶子，轉換角度或方向再攪翻，儘量把下面的基質向上翻，再把上面的基質向下翻，過程 1 分鐘即可 (圖1)。在培養「麵粉種」如酸種時，麵粉顆粒細緻，加上麵糊濃稠，攪拌時要加重力道及加快速度，約

1分鐘左右，才有利於打入空氣，攪拌完畢一定要記得把黏附在瓶身上的麵糊刮一刮（圖2），以避免積附久了滋生雜菌。

在翻攪的過程中，同時利用聞、看、聽來觀察酵種的體質。健康的酵種會感覺如海綿狀，充滿空氣，表面幾乎不太會沾黏瓶身，並且會有氣體流出（圖3），不健康的酵種，則會像美乃滋稀稀無彈性，沾黏嚴重。

第二部

酵種

酵種的意義

　　「酵種」廣義來說是「麵團」的一種型態，所謂「麵團」（dough），主要有三個類型：冷水加麵粉揉成團，沒有發酵稱為「死麵」，熱水加麵粉揉成團稱為「燙麵」，日本人又稱為「湯種」，水加麵粉再加上酵母經過發酵稱為「發麵」，這些麵種都像一塊海綿般，互相變化組合，使麵食產生不同的口感和風味。

　　我們將富含酵母菌的酵液（或純水）和麵粉混合、攪拌、靜置發酵，重覆數次餵養成為發酵力強大的「種」，在英語裡則是非常有趣的名字「starter」。第 1 次混合發酵的種，日本人稱為「一番種」（第一回種），隨時間連續添料發酵，按照順序有「二番種」、「三番種」、「四番種」，如世代交替一般，所以西方則以「generation」來比喻這種起種過程，一般續種 2 ～ 3 回即可得到發酵力十足的新鮮酵種，而這酵種就是在麵團中產生發酵作用的「發酵種」，日本人稱為「元種」（pre-ferment, bread starter or mother dough）。這個起種的過程，日本人稱為「種起こし」，和中文的「起種」以及英語 starter 的名稱相呼應。

酵種的目的

　　一顆顆鬆軟美味的麵包，就是「發麵」下的產物。發麵，簡單來說就是「麵團發酵」，酵母和各種微生物在麵團中進行發酵。在製作麵包時，我們把充滿酵母菌的發酵液體加入麵粉中，酵母轉化麵粉中的糖類獲取能量以增殖生長，並進行發酵作用，代謝出的氣體被包覆在麵筋組織之中，使得麵團充滿了

氣體膨發起來，在高溫烘焙過程中隨著氣體、水和酒精的蒸發，成品的重量減輕，產生了鬆軟的口感，酒精和酸反應後形成的酯類物質逐漸產生香味，加上偏酸性的成品可以減緩老化及腐敗，這些物質恰好是麵食美味的基礎，在充分良好的發酵作用下，達成了鬆軟彈性的口感、香甜可口的風味以及延長保存時間三大目的。

✦ 麵團發酵的機制

發酵種 （培養酵種）

揉麵 （混合材料）

死麵 （基本麵團）

發麵 （一次發酵）

成形 （美化加工）

成品 （調理烘焙）

發麵 （二次發酵）

酵種的種類

　　商業酵母粉、泡打粉的出現給人們帶來了便利，但是這些「速成」的麵包、饅頭卻漸漸失去了那種如陳年老酒般純厚的風味，老祖宗利用野生酵母自然發酵的麵食智慧和手藝也慢慢流失了。

　　人類利用野生酵母自然發酵原理製作麵食已有悠久深長的歷史。中國人常說的「老麵」或是「酵頭、面肥、酵子」，或是英美人說的「酸種（sourdough），或法國人稱的魯邦種（levain），就是最經典的傳統發麵方法。水加上麵粉混合後放在溫暖的地方，麵糊發泡了，散發出酸氣和酒味，成為「酵種」而做成麵食，每次發麵後留下來一小部分，做為下1次酵種使用，永續不斷。

　　最基本的兩種材料「麵粉」和「水」發酵出最原始的「酵種」。以西方的酸種為例，「麵粉」若是利用「裸麥（又稱黑麥）」即稱為「裸麥種」；用精製白麵粉則稱為白酸種；用水果發酵液體代替水做成的酵種稱為「水果酵種」；用乳製品如牛奶、優格（酸奶）等代替水發酵做成的酵種稱為「優格酵種」；用米麴培養的甘酒加麵粉發酵做成的酵種稱為「甘酒酵種」。用酒粕（釀酒的酒渣）發酵液培養的酵種稱為「酒粕酵種」等等，這些在廣義上都可以算是「酸種」的一類，但本書所稱的酸種採用「狹義」的定義，指的是純水加麵粉自然發酵培養出的酵種。

　　每個人培養出來的「酵種」可說是獨一無二的，它代表了某種「天、地、人」條件下培育出的產物，是百分之百「在地化」的風味。所以有些人特別把某時空下培養的酵種取名字，例如聞名麵包界的舊金灣酸種（San Francisco sourdough）即是在十九世紀美國淘金熱時，來自歐洲的淘金客們隨身攜帶的酵種，因舊金灣獨特的地理環境而自然孕育出一種特別的風味，用這種酵種做成的麵包因其沈穩的酸氣和麥香而聞名世界。

酵種的製作方法

基本概念：酵液 + 麵粉 = 酵種

酵液　+　麵粉　▶　發酵　▶　酵種

　　「液體」和「麵粉」是培養酵種最基本的材料，稱為「基質」。「液體」可以是純水，或是「發酵液」，或是加了副材料如糖分的液體。

　　中國老麵或是西方酸種都是單純利用水加麵粉，經過野生酵母自然發酵而成的酵種。但是酵母菌必須吸收養分加以繁衍增殖以達到足夠菌量進行發酵，才能製作出美味的麵食成品。所以藉由水果的果糖、根莖類、穀物類的澱粉、乳製品的乳糖等來促進酵母菌繁殖以增加菌量，將這些充滿了酵母菌的「酵液」混合麵粉培養，經過數次重覆的添料餵養，成為了充滿活力的酵種，被廣泛運用在自然發酵的麵食上。

✥ 四大家庭 DIY 手作麵食代表酵種

■果乾酵種的代表	■水果酵種的代表	■乳酸酵種的代表	■麵粉酵種的代表
葡萄乾酵種	**蘋果酵種**	**優格酵種**	**裸麥酸種**

酵種培養環境

家中穩定溫暖處（避免直射光線），也就是酵種最適合的溫度是 28 ～ 32℃ 之間。緯度低的地區夏天炎熱，若室溫超過 33℃，建議轉放在室內較涼爽的地方，溫度太高太熱的環境會讓雜菌過度活躍，也容易變質。因此，在高溫的環境或季節裡，儘量放置於室內最涼爽的地方，也可以利用冰箱延長日數來製作酵種。若是冬天寒冷的日子，可以放置在保溫箱裡，或適當利用熱水瓶、烤箱、電鍋、暖氣房等方法來幫助發酵。

✢ 酵液與酵素有什麼不同？

許多人在家裡自製「水果酵素」，酵素和酵液的製作方法類似，常有人問，是否可以用酵素取代酵液培養酵種？其實，這個問題本身就是個問題，問題就出在許多人對於「酵素」這個名詞定義的誤解。我們必須回歸「酵素」的真正定義。

酵液是發酵過的液體，而酵素則是一種「酶」的蛋白質。

酵素，原本就存在生物體內，並非我們可以「在家 DIY」。「酵素」一詞源自日語，中文真正的稱法為「酶」，一種能催化生化反應的蛋白質，生物體內發生的一切化學反應，如消化、修復、呼吸等生命活動，都是在酶的催化作用之下實現的。人的口腔中的唾液就是最明顯的例子。嘴巴中製造的唾液裡含有「澱粉酶」，在咀嚼食物時，幫助澱粉分解，送入胃中有胃蛋白酶，到了小腸有來自肝和胰臟的分解酵素。酶在日常生活上也廣泛運用，洗衣粉中添加酶幫助去污；料理時在肉類中加入含酶的食材像鳳梨、木瓜、白蘿蔔等以軟化肉質；藥廠可以利用酶來合成抗生素。酶的功能讓商人製造出所謂「酵素產品」，誤導人們以為利用水果加上糖發酵就可以「培養」出所謂的「水果酵素」，喝下水果酵素就可以喝下「酶」，這想法是錯誤的，因為，酶本身就是「存在」於生物體中的物質，不是一種菌，當然也不能像酵母菌一樣可以被「養出來」。所以，大家口中所稱的「水果酵素」，只不過是水果中的糖類在微生物發酵作

用下產生的「液體」，基本上就是一種發酵過的液體，可算是一種「酵液」，不能稱為「酵素」。

　　所以，要拿這些水果加糖所發酵過的液體來當做培養酵種的材料，當然沒有問題，因為它充滿了酵母菌、果渣、糖分，只是要注意所使用的水果種類和添加的糖分比例。如果使用像鳳梨、奇異果、芒果、木瓜等含有多量酵素的水果，容易造成斷筋而無法形成網目組織。另外糖分比例也必須適當調整，才能做為培養酵種的液體。

果乾酵種
的代表——
葡萄乾酵種

曬乾的果乾加入水，經過 5～10 天左右發酵所得的發酵液體，將基質過濾之後就成為了「果乾酵液」。果乾中以「葡萄乾」最適合拿來做為培養酵液的基質材料，因為葡萄乾內含大量葡萄糖，葡萄糖最容易被酵母菌吸收做為養分，因此被視為培養酵液最有效率的材料之一。將酵液混合麵粉，經過數次餵養再發酵而成的發麵即為發酵種，本書簡稱為「酵種」。

✤ 果乾與蜜餞的不同

　　果乾（dried fruit），顧名思義就是曬乾後甜度濃縮的果實，除了日曬、烘乾之外，沒有經過再加工，所以沒有添加任何調味料、砂糖、食鹽等等，最常見的有葡萄乾、無花果、龍眼、椰棗等，肉軟清甜，營養豐富。蜜餞（candied fruit or confectionery），台灣人又稱為「鹹酸甜」，是將果實利用糖蜜、鹽、調味料所醃漬加工的零嘴食品。注意製作野生酵母的材料是使用「果乾」，而非「蜜餞」。

第一步：製作葡萄乾酵液

▪ 所需材料

葡萄乾	150g
水	450cc

▪ 材料比例

無特別比例

▪ 使用道具	
消毒風乾的瓶子（900cc）	1 個
消毒風乾的長湯匙	1 根
濾網、小盆或湯碗	1 個

✢ 使用無油封及無添加的果乾

在培養酵液時，確定是使用「無油封」及「無添加食鹽、防腐劑」的果乾，因為油脂和添加物會影響酵母菌的生長，除了失敗率高之外，培養出來的酵液風味也會大受影響。但市面上許多葡萄乾產品都是以「油封（oil coated）」為主，「有機」和「無添加」等字眼不一定代表是無油封過的果乾，購買時一定要確認原料標示上沒有出現油類、食鹽等添加物。有些進口商在分裝的時候，也不會詳細註明有沒有油封過，所以最好到食品材料行或賣場，詳細詢問過後再購買。

✢ 材料比例問題

果乾在浸泡過後，大量吸水，體積會發脹增大，所以製作果乾酵母液，記得多加水量。材料並無比例的問題，最重要是找到大小合適的瓶子，再決定材料和水的量。先放果乾，再加水，因為酒精發酵時會產生二氧化碳，並且有發熱或膨脹的現象，預留氣泡和水果發脹浮起的空間，所以填裝時不要裝滿到瓶口。依材料不同，裝至瓶子的七分滿左右即可。

✢ 容器形狀大小問題

瓶子太大太小，瓶口太細太寬都不適合，會影響以後發酵的順利與否，最佳的容量就是七分滿。最常使用的酵液瓶以 500 ～ 900cc 之間的容量為佳。拿大瓶卻裝太少量的材料，或拿小瓶子裝入太滿的材料，這兩者都不好。最重要的就是一定要找適當大小的瓶子來搭配基質和水的量。先放入材料，再放入副材料（若有需要放蜂蜜或糖類時），最後放入水，水淹過水果材料至瓶子的七分滿（有關養酵道具的詳細請參考道具篇 P.114）。

▪ 製作方法

混合 ——

　　將材料全部放入瓶中，搖晃瓶身或利用長湯匙使材料均勻混合即可，蓋上蓋子。不用完全栓緊，轉 1 ～ 2 圈蓋好即可。

✤ 為什麼要蓋上蓋子？

　　我在培養酵液時習慣蓋上蓋子，蓋上後轉一圈，但不栓緊。雖然在發酵初期保持有氧環境很重要，但是小小瓶中除了酵母菌之外，還有其他無數的微生物同時生長，為了培養出以酵母菌為優勢菌種的酵液，同時也必須努力抑制其他雜菌的滋生，例如最常見的醋酸菌。醋酸菌是好氣性微生物，可將酒精轉成醋酸。在培養酵液時，瓶內約三分之二是材料，只留約三之分一的空間可以容納空氣，所以利用加蓋的方式，將發酵代謝出來的二氧化碳鎖在三分之一的空間中，表面就可減少醋酸菌的滋生，同時利用一天打開 1 次蓋子攪拌的步驟，為酵母菌注入新鮮氧氣，同時幫助酒精揮發，加蓋也可以隔絕蟲類或異物等進入。

發酵 ——

　　放在室溫（約 28 ～ 32℃）並選個溫度最穩定、不直接照射日光的地方，慢慢靜置發酵。靜置過程中，每天要打開瓶蓋通氣，用湯匙從底部向上拌一拌，一天約做 1 ～

2 回，因為果乾屬於非常容易發霉的基質，尤其是表面接觸空氣的地方，攪拌可以讓上下基質交流，減少發霉機會（有關攪拌，請參考 P.31）。

✤ 如何營造適宜的發酵環境

家中穩定溫暖處（避免直射光線），最適合的溫度是 28 ～ 32℃ 之間。緯度低的地區夏天炎熱，若室溫超過 33℃，建議轉放在室內較涼爽的地方，溫度太高太熱的環境會讓雜菌過度活躍，也容易變質。因此，在高溫的環境或季節裡，儘量放置於室內最涼爽的地方，也可以利用冰箱延長日數來製作酵種。若是冬天寒冷的日子，可以放置在保溫箱裡，或適當利用熱水瓶、烤箱、電鍋、暖氣房等方法來幫助發酵。

收液 ——

當基質內的養分充分被酵母菌吸收，基質變輕會大量浮在液面上，氣體大量上衝如汽水狀，即成為充分發酵過的液體，就可以將果渣基質和液體過濾。已失去甜味的果渣仍富含營養素，可以再利用做成甜點（可參考本書 P.305），而濾出的液體，再倒回原來的酵瓶中，

酵液可以連瓶子一起保存於冰箱中，雖然保存期間酵液仍然進行發酵作用，但活性隨著時間而減弱，每週搖晃 1 ～ 2 次打開瓶蓋透氣，儘量在一個月內使用完畢，最後留下 2 ～ 3 大匙的酵液量，以做為往後製作新酵液的引子，會加速培養新酵的速度。

✤ 如何判斷收液時機

影響酵母成長的變數很多，一般來說有基質種類、溫度、溼度等，以甜度高的葡萄乾來說，按室溫 28 ～ 32℃ 左右的溫度條件下培養，約在第四、五天左右可以收液。葡萄乾收液時機主要觀察幾個現象，果實形狀軟爛呈分崩離析狀，瓶底累積一

層沈澱物，某些果乾開始下沈至底部，氣泡上衝力道開始減弱，不再聽到嘰嘰叫的氣體聲，當聲音、氣泡都沈靜下來時，即是沈靜化的徵兆，這時可以收液了。培養好的葡萄乾酵母液，可馬上進入培養酵種，或是先保存在冰箱冷藏備用，從冰箱取出養「酵種」時，冬天建議先回溫，夏天可以不回溫直接使用。

▪ 酵液培養的變化過程

第一天（生長期）

氣味：葡萄乾的甜味為主，帶有微微的果酸香和些許的酒味。

形體：果乾開始發脹，體積變大的果乾擠滿在瓶內，但果粒完整，幾乎沒有氣泡。

色澤：果乾的自然色澤滲入水中，但液體呈透明乾淨。

第二、三天（發酵高峰期）

氣味：開瓶蓋時已有酸味和酒味散出，果酸和酒味轉為濃重嗆鼻，如葡萄酒或香檳的氣味。

形體：開瓶前可聽到從瓶蓋流瀉出來的嘰嘰叫氣體聲，可看到發脹的果乾開始繃開，果乾表面已有細緻氣泡附著，開蓋瞬間有會大量氣泡強力向上衝到瓶口的位置，如碳酸汽水一樣。打開瓶蓋換氣後重新蓋好，氣泡即消散。

色澤：液體因果乾繃開而變濃稠，已不再透明，呈茶褐色。

第四、五天（穩定期）

氣味：葡萄果乾味不明顯，果酸轉成偏醋味，酒味從嗆鼻轉溫和。

形體：從瓶蓋流瀉出來的嘰嘰叫氣體聲消失，許多果乾已完全浮在表面上，開蓋時仍有氣泡向上衝，但衝勁不如高峰期強，底部的沈澱物變多變厚。

色澤：在尚未攪拌前，下半部的液體比高峰期來得清澈一點，底部出現更多沈澱物。

▪ 所需材料

全麥麵粉 	每回 50g，共 150g
葡萄乾酵液 	每回 50cc，共 150cc

葡萄乾酵種

✤ 培養野生酵母的酵種（起種用），要用哪種麵粉比較好呢？ 為何第一回起種建議使用全麥麵粉？

只要是麵粉都可以起種，低筋、高筋、中筋、全麥、裸麥等可以。全麥或裸麥麵粉比一般精製的白麵粉含有更多營養素和分解酵素，有助於發酵。這也是為什麼有些麵包店喜歡在起種時，加入一些麥芽精粉或是砂糖，道理相似。因為是做麵包酵種，所以不建議使用低筋麵粉。用全麥麵粉起種的麵種較乾且密實，用一般高筋或中筋麵粉起種的麵種則偏稀糊。只是用了什麼麵粉起種的酵種，往後在做麵包時，在配方上記得調整使用的麵粉比例。

▪ 材料比例	
麵粉：酵液	1：1
▪ 使用道具	
玻璃或塑膠瓶	1個
攪拌棒	1根

✤ 粉水比例問題

　　為了保持麵包成品品質的一致性，我的原則是培養酵種固定用粉水 1：1 的
比例。比例和分量可以隨個人烘焙頻率來調整，例如麵包產量多的情況，可調
整為每回 100 公克為單位，我家是每星期製作 1～2 次，一次烘焙製作的麵
包量，因為烤箱的限制，最多 6～8 粒，量不算大，所以每回以 50 公克為單位。
建議不需要一下子就製作太多的酵種，配合自己的烘焙頻率及作息節奏養酵，
這是非常重要的。

✤ 容器形狀大小問題

　　以餵養 3 回，每回各 50 公克麵粉的酵種來看，使用容積超過 700cc 以上的
瓶子或容器為佳，以免爆漿（有關養酵道具詳細請參考 P.114）。

▪ 製作方法

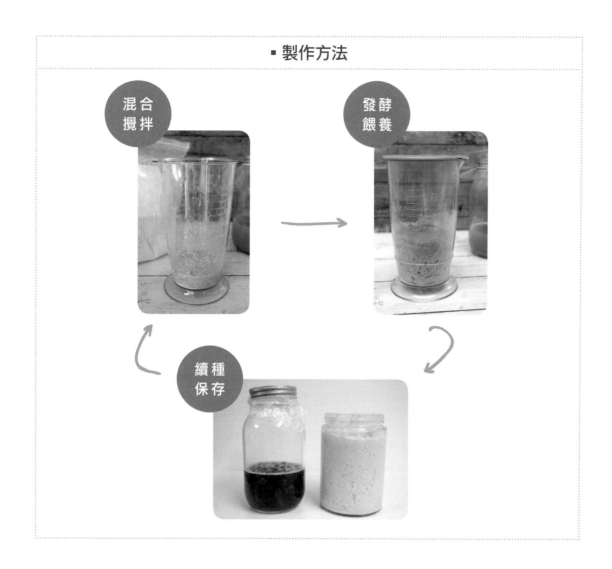

混合攪拌 ——

　收液後的酵液取出前要搖一搖（因為底部沈澱物含有豐富的酵母菌）。將酵液50cc 放入容器中，再放入 50 公克麵粉，用湯匙或攪拌棒使材料均勻混合即可（其他的酵液先冰在冰箱冷藏備用）。

發酵餵養 ——

　瓶身可用橡皮筋或貼紙來標示起始高度，蓋上蓋子放在室溫 28 ～ 32℃左右，發酵至增長約 2 ～ 3 倍高即可。達到高度後即可開始第二回餵養，或是放入冰箱 1 晚，待隔天從冰箱拿出來回溫後再開始第二回餵養。第二回也是重覆第一回動作，發酵達到高度之後開

始第三次餵養，或放入冰箱待隔天取出回溫再開始第三次餵養，如此總共完成 3 回餵養。若是一大早就開始進行第一回餵養，大概一個白天就可以完成 3 回的餵養程序。也可以一天只餵養 1 次，共分成 3 天，主要是配合生活作息，臨機應變。

續種保存 ——

確實餵養三回的「酵種」，就算完成「起種」工作，酵種正式形成。完成的酵種可以馬上取用開始製作發麵團，剩下的酵種置於冰箱冷藏保存，每次要使用之前取出回溫熱身，最好再進行 1～2 次的餵養，重新喚醒活力。注意酵種的體質、酵力、風味都會慢慢隨著餵養而轉變，每回所使用的酵種，發酵力都不相同，不可一視同仁。例如初養三回的酵種和已經續養一個月的酵種，或新鮮的和冰藏的，在酵力、活力等健康狀況上大相逕庭。

▪ 葡萄乾酵種培養的變化過程

	第一回材料	
	全麥麵粉	50g
	葡萄乾酵液	50cc
	約 3 小時後，體積脹高 2 倍。 氣味以麵粉和些許酵液為主，粉水初步結合如麵糊，無明顯網目組織。	
	第二回材料	
	全麥麵粉	50g
	葡萄乾酵液	50cc
	約 2 小時後，體積脹高 2 倍。 酸氣出現，麵粉味不明顯，麵糊底部、側面、表面可見大小氣泡，從側面看表面是向上鼓起，側面更是明顯看得出來氣體被包覆在麵團筋絡中，已建立網目組織。	

第三回材料	
全麥麵粉	50g
葡萄乾酵液	50cc

約 2 小時，體積脹高 2 倍。
優酪乳的酸氣混雜酒氣，麵粉味已漸消失，網目組織已明顯完
整，充滿氣體的麵團質地如慕絲，表面和底部都有大小孔洞。

✤ 網目組織，是判斷建康酵種最直接的表徵

　　許多人會看酵種表面的氣泡，有的人看到大粒的氣泡
就會非常歡欣，看到小粒氣泡就會失望，其實，不需要
太執著氣泡大小，酵種的活力和氣泡大小沒有特別直接
的關係，氣泡大小主要和含水量有較大的關係。重點在
於酵種是否出現「網目組織」。網目組織就是麵筋，是
將發酵產生的氣體緊緊包圍支撐起來的骨架，有沒有強健的網目組織才是酵種活
性的表徵，觀察四個主要地方：「底部」、「側面」、「表面」和「質地」。

底部：會平均有氣泡分佈，而且佈滿整個底部。（圖1）

側面：明顯看出粗大和細小的孔隙交錯，像海綿一樣。（圖2）

1　　　　　　　　　2

表面：像月球表面大小不等、凹凸不平，而且從側面看表面，會像小山一樣鼓起。（圖3、圖4）

質地：健康的酵種內部就像蜘蛛網，用湯匙取出時甚至不會沾黏湯匙和瓶身，質地如慕絲和海綿，充滿空氣（圖5）。若取出酵種時，質地有如起司融化般的拉絲狀，或是像美乃滋般的濃膠狀、乳霜狀，而且嚴重沾黏湯匙或瓶身，都屬於不健康酵種的徵兆。**最終以養出飽滿充滿空氣的「網目組織」的健康酵種，為每次起種的目標。**

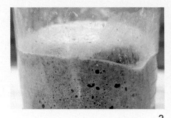
3

4

5

水果酵種
的代表——
蘋果酵種

做酵種最常用的就是新鮮水果等富含糖分的基質，製作方法簡單、風味佳且成功機率高。原則上以甜度高的水果為主，甜度低的水果可以配合少許的蜂蜜或是砂糖來培養。以下介紹以新鮮蘋果為例子製作的水果酵種。

✢ 如何選擇適合培養酵種所使用的水果？

| 草莓酵母 | 檸檬酵母 | 巨峰葡萄酵母 | 水果根莖綜合酵母 |

水果種類非常多，有適合培養酵種的，也有不適合的，畢竟我們養酵的目的是「為了做發麵」的酵種，而不是為了做發酵飲料、泡菜、清潔液、飼料等等。使用最適合的基質培養出最適合做發麵的酵種，做出成功的麵點是最終的唯一目標。我個人實驗過像西瓜、蕃茄、芭樂、楊桃等，但在氣味、酵力上不是很滿意，最喜歡的起種水果則以蘋果、葡萄、草莓、柳橙、梨、桃、檸檬等，香氣、風味、酵力都很適宜，當然這些水果也可以混合多種，成為「綜合」風味的水果酵種。雖然選擇水果基質，主要以個人偏好為主，但為了製作出成功的麵食，我們必須討論幾個相關的問題：

一‧農藥問題：

噴灑過農藥或是表面特別處理過的水果，會影響酵母菌生長和酵液品質。但是要找到完全沒有農業的水果很難，而且水果表皮又是酵母菌最豐富之處，不

能把水果刷洗的太乾淨，這就是做酵母最為難的地方。原則上，儘量購買無農藥、有機水果，或是使用自家栽種，或找有信譽的在地小農，購買當地自產銷的農產品為佳，因國外進口的水果絕大部分經過防腐處理。另外，儘量購買無人工果臘的蘋果，若有人工果臘則削皮再使用，無打臘的蘋果皮有一層天然果臘，所以不用削皮就可以直接使用。

二‧果膠問題：

許多水果含有豐富果膠（Pectin），尤其像香蕉、柿子、柑橘、柚子等，若酵液含太多的果膠，會影響酵種的質地和酵力，也會影響麵包成品的品質。蘋果的果膠多集中於表皮，果皮量不多，不至於影響酵種的效果。

三‧酵素問題：

許多熱帶水果像鳳梨、木瓜、火龍果、奇異果等富含蛋白酶，這種分解酵素容易破壞麵粉蛋白質而無法形成網目組織，所以儘量避免使用這樣的水果。

四‧甜度問題：

甜度高的水果含有豐富的果糖，是酵母發酵的養分，若是選擇甜度低或太酸的果實，建議添加蜂蜜或是糖類，否則不容易培養出適合製作麵包的酵種。

▪ 所需材料	
蘋果	250g
水	500cc
▪ 材料比例	
蘋果：水	1：2
▪ 使用道具	
與葡萄乾酵液相同	

▪ 製作方法

混合　　　發酵　　　收液

混合 ——

蘋果用水清洗沖乾淨後，用餐巾紙擦乾表皮，不用削皮，切丁，將果皮、果芯一起放入瓶中，然後加水，蓋上蓋子。把基質切的愈小就愈能幫助糖類吸收分解，發酵就進行的愈順利，把整粒蘋果打成果泥狀也可以。所以塊狀蘋果和果泥狀蘋果在養酵效果和所需時間上也大不相同。

發酵 ——

放在室溫（約 28 ～ 32℃），選個溫度最穩定，不直接照射日光的地方。氣溫低的日子可以放在熱水瓶上方或旁邊，在瓶身外蓋塊布，天氣炎熱時放在陰涼之處，讓它慢慢發酵。靜置過程中，蓋緊蓋子，上下搖晃瓶身或是直接打開瓶蓋通氣，用湯匙從底部向上拌攪，一天約做 1 ～ 2 回。因為浮在上層的蘋果丁表面一直接觸空氣，容易滋生雜菌，攪拌可以讓上下基質交流，減少變質機會。

收液 ——

當基質內的養分充分被酵母菌吸收，基質變輕大量浮在液面上，氣體大量上衝如汽水狀，即成為充分發酵過的液體，就可以將果渣基質和液體過濾。已失去甜味的果渣仍富含營養素，可以再利用（食譜可參考 P.309），而濾出的液體，再倒回原來的酵瓶中，酵液可以連瓶子一起保存於冰箱。

▪ 蘋果酵液培養過程的變化

第一、二天（生長期）	
	**氣味**：以蘋果香氣和甜味為主，帶有微微的果酸味和些許的酒味。
	形體：果肉開始變色發脹，集中於瓶子上部，但果肉完整，幾乎沒有氣泡。
	色澤：蘋果的自然色澤滲入水中，液體呈透明乾淨的茶褐色。
第三、四天（發酵高峰期）	
	**氣味**：開瓶蓋時已有酸味和酒味散出，果酸和酒味轉為濃重嗆鼻，如蘋果西打的氣味。
	形體：開瓶前可聽到從瓶蓋流潟出來的嘰嘰叫氣體聲，可看到發脹的果肉有些地方開始軟爛，底部開始有沈澱物，果肉表面有細緻氣泡附著，開蓋瞬間有會大量氣泡強力向上衝到約瓶口的位置，如碳酸汽水一樣。打開瓶蓋換氣，重新蓋好，氣泡消散。
	色澤：液體茶褐色轉濁。

一般優格含有更豐富多樣的菌種，除了乳酸菌之外，尤其酵母菌更多，直接拿它來起種，是具有強大發酵力的乳酸酵種。養酵的水則是煮沸過的常溫水或瓶裝水，再加入促進發酵的基質「蜂蜜」，藉著蜂蜜本身含有的豐富酵母菌，加上其中所含的糖分成為酵母菌的養分，可說是酵母的元氣大補丸。

▪ **材料比例**	
優格：水：蜂蜜	1：1：0.1
▪ **使用道具**	
消毒風乾的瓶子（容量約是 900ml 的含金屬蓋玻璃瓶）	1 個
消毒風乾的長湯匙	1 根

▪ 製作方法

混合　→　發酵　→　收液

混合 ——

　　將材料全部放入瓶中，蓋上蓋子後，搖晃瓶身或利用長湯匙使材料均勻混合即可。不用完全栓緊，轉 1 ～ 2 圈蓋好即可。

發酵 ——

將酵瓶放在室溫（約 28 ～ 32℃），並選個溫度最穩定、不直接照射日光的地方（我喜歡把瓶子放在熱水瓶旁邊，在瓶身外蓋塊布），讓它慢慢發酵。

收液 ——

充分發酵過的優格酵母液不需過濾，可直接使用。馬上進入培養酵種步驟，或是先保存在冰箱冷藏備用。

▪ 優格酵母液培養的變化過程

第一天（生長期）

將材料全部放入瓶子中，充分搖晃後，放在溫暖處，數小時後產生優格和水分離的正常現象，只要搖晃瓶子 2 ～ 3 次，開瓶透氣 1 ～ 2 次即可。以優格本身的氣味為主，奶味重。

第二天（萌發期）

在沒開瓶蓋之前，有輕微奶水分離的現象，但表面已有少許泡泡湧現，類似養樂多的酸味，聽到從瓶蓋流瀉出來的氣體聲。開蓋前搖晃瓶身瞬間，表面已出現許多氣泡，如汽水般奔衝而上，聞一聞，有明顯的酒味，可說是「嗆鼻」程度，但不是臭酸味，是一種帶有奶香的酒氣。打開瓶蓋換氣，重新蓋好，氣泡消散，又回到了原來的高度。

第三天（高峰期）

在前兩天的發酵作用基礎上，氣泡累積力道快速，開蓋時有大量氣泡強力向上衝，衝到約瓶口的位置，如碳酸汽水一樣。酸奶味轉弱，酒味從嗆鼻轉溫和，出現這樣的現象，再放半天靜置一下，讓氣泡穩定下來。培養好的優格酵母液，可馬上進入培養酵種或是先保存在冰箱冷藏備用。

第四天（沈靜期）

開始進入養「酵種」的階段。從冰箱取出先回溫後再使用。

第二步：製作優格酵種

▪ 所需材料

全麥麵粉	每回 50g，共 150g
優格酵液	每回 50cc，共 150cc
蜂蜜	每回約 5cc，共 15cc

▪ 材料比例

粉：酵液：蜂蜜	1：1：0.1

▪ 使用道具

玻璃或塑膠瓶	1 個
攪拌棒	1 根

▪ 製作方法

請參考葡萄乾酵種
製作方法 P.49

▪ 優格酵種培養變化過程

第一回材料

全麥麵粉	50g
優格酵液	50cc
蜂蜜	5cc

放在溫暖處發脹至 2 倍大,即可再續養第二回。

氣味以麵粉和酵液味為主,粉水初步結合如麵糊,網目組織出現但不明顯。

第二回材料

全麥麵粉	50g
優格酵液	50cc
蜂蜜	5cc

放在溫暖處發脹至 2 倍大,即可再續養第三回。

乳酸味明顯,底部側面可清楚看出網目組織,表面有氣泡鼓起。

第三回材料

全麥麵粉	50g
優格酵液	50cc
蜂蜜	5cc

完成三回後,即可開始製作發麵。

優酪乳酸氣混雜些許酒味,因全麥麵粉筋性低、黏度高,網目組織變密實,但可從底部和表面看出充滿氣體如慕絲般質地。

✤ 優格本身就充滿乳酸菌，省去養酵液步驟，直接在優格中放入麵粉培養酵種，這樣也可以嗎？

答案是，當然可以。

人類最原始的酵種製作，就是只拿水和麵粉，經過數日靜置攪拌，靠著存在於空氣、麵粉、器皿等的野生酵母菌就可以自然發酵成一種「酵種」，這也是西方所謂的「酸種（sourdough）」，也是中國傳統「老麵」製作最原始的道理。所以，直接將優格加入至麵粉中自然發酵，當然符合這樣的道理。可是，在回答上述問題之前，我們必須思考另一個前提，同樣的麵粉下，直接用水，或用優格，或用優格酵液，這三種培養出來的酵種會一樣嗎？

答案是，當然不同。

就算是水，每家的水不同，就算是優格，每個人所使用的優格也不一樣。基質不同、環境不同，每個人所養出來的麵種都是獨一無二的，這些變數反映在菌相和菌量都不同，也直接影響了酵種的發酵力和穩定力，例如，有些人直接購買的是市售優格，有些人是利用菌粉製成優格，有些人則是使用「克菲爾（kefir）」。克菲爾（kefir）可說是廣義優格發酵乳的一種，除了乳酸菌之外，更含有比一般優格豐富多樣的菌種，直接拿它來起種，發酵力一定和一般優格起種有很大的不同。

所以省略了培養優格酵液的過程，直接以優格混合麵粉數次發酵成酵種當然是沒問題，重點在於是否培養出酵力穩定、活力強大、足夠製作出美味麵包的酵種。我本身偏好先培養出以酵母菌為優勢菌種的酵液，將酵液轉換成酵種，再製作成麵包。

麵粉酵種
的代表——
裸麥酸種

麵粉種，也就是狹義的酸種（sourdough），指的是單純使用麵粉和水混合成麵糊，利用繁殖酵母菌和乳酸菌來發酵製成酵種，並在母種（culture）的基礎上不斷地加入新麵糊而成為新的發酵種（starter），長年不斷的續種，甚至有傳承上百年的酵種，代代相傳，生生不息。此種酵種在長時間培養的過程中，乳酸菌和酵母菌演化成為優勢菌種，使得酵種酸性增加而富含多元的有機酸，因而散發著獨特的酸味及芳醇的香氣，俗稱為酸種（sourdough）。

酸種的特性

酸種被賦予三種重要的目的：第一促進發酵，第二提昇風味，第三防止老化。酸種，因麵粉種類、育種方法、培養環境（地理和氣候）的不同，而產生不同的微生菌相，使得每種酸種都富含獨特的酵力和風味，例如義大利北方的潘那朵妮種（Panettone），美國舊金山酸種（San Francisco sourdough）等即是世界上有名的酸種類酵種。它們共通點都是酵種中含有豐富的乳酸菌、醋酸菌和酵母菌。乳酸菌和醋酸菌是酸種麵包風味的基底，而酵母菌則是發酵的主力軍，再經過長時間發酵和續養後，酵種呈現的酸性體質，抑制了雜菌的滋生進而延長了麵包保存時間，讓芳醇的香氣、豐富的酸味、獨特的口感成為酸種麵包最明顯的特微。

酸種的種類

裸麥酸種　　　白酸種

酸種因其所使用的麵粉主要分成兩大類，裸麥酸種和白酸種。裸麥酸種以裸麥（Rye）或全麥（wholegrain, whole wheat）為主原料養出的酸種，筋性極低、孔隙細緻、黏稠度高，烘焙出的麵包成品口感紮實、氣孔細小、麥香濃重，以東歐和北歐主食麵包最為常見。白酸種則是以一般精製白麵粉（clear or white）為主原料的酸種，酸性適中，筋性較高，膨脹性佳，廣泛應用於世界各地的發酵麵食中。麵種又按其含水量或質地主要分成軟種和硬種兩大類。軟種含水量高，一般來說粉水比例為1:1或以上，如麵糊般溼軟如泥，類似於液種（poolish），多見於製作歐式麵包如拖鞋麵包、法國麵包、佛卡夏麵包等烘焙上。硬性酵種則是含水量低，水佔粉的半量左右或更低，最著名的例子即為義大利潘那朵妮種（Panettone）。

❋ 什麼是「裸麥麵粉」（Rye flour）？

　　裸麥又稱黑麥，含有豐富的礦物質和營養素，質地緊密，麥香明顯。裸麥麵包多以「酸種」為酵種，裸麥因為其穎果成熟後，內外稃分離，穎果裸露於外，容易吸附空氣中各種的微生物，包括了酵母菌、乳酸菌、黴菌等，使得裸麥成為酸種起種的最佳基質。裸麥麵粉和精製白麵粉最大的不同點在於筋性，裸麥筋性極低、黏度高、質性緊密、麵筋網目組織弱，因此無法支撐麵團中的空氣，發酵時體積膨脹不如一般麵粉來的明顯，裸麥含量愈多，口感就愈紮實堅硬。亞洲國家較難接受百分之百比例的「全裸麥麵包」，所以，對於日本和台灣較習慣鬆軟麵包的國家，坊間的麵包店所製作的裸麥麵包，幾乎都以一般白麵粉為主，裸麥粉為輔，以改善其口感。市面上的裸麥麵粉一般以「徑粒」區分，有粗粒（日語稱為粗挽）、中粒、細粒、極細粒。使用不同徑粒的裸麥麵粉會影響麵包的口感和風味，為了平衡口感，使用細粒裸麥粉比粗粒裸麥粉來得鬆軟，而粗粒裸麥粉比例愈高則愈紮實。另外，培養酸種時建議使用「石臼裸麥粗挽粉」或是「裸麥全麥粉」，因精製程度低而保留了麩皮部分，能夠提供酵母更多的養分。

裸麥酸種的培養與應用

　　培養酸種大致分成兩大階段，初種（culture）和發酵種（starter）。初種即為是發酵種的母種，在初種的基礎上餵養新鮮有活力的發酵種，最後再與主麵團的其他材料結合成為最終麵團，烘焙為麵包成品。

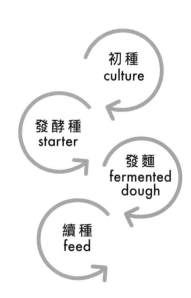

初種
culture

發酵種
starter

發麵
fermented
dough

續種
feed

▪ 所需材料		
裸麥麵粉 （粗細皆可）	每回 50g 約 5～6 回 總量約 250～300g	
水	每回 50cc 約 5～6 回 總量約 250～300cc	
·麵粉種類若改換成高筋白麵粉， 　即是白酸種		

▪ 材料比例	粉：水	1：1
▪ 使用道具	含蓋玻璃罐及攪拌匙 （煮沸消毒後乾燥再使用）	1 個
▪ 製作時間	約 5～7 天	
▪ 製作環境	室溫約 25～28℃	

		▪ 裸麥酸種初種培養的變化過程
第一回	材料	裸麥麵粉 50 公克，水 50cc 放入瓶中混合後 (圖1)，表面平均撒上裸麥麵粉 25 公克 (圖2)，靜置 24 小時 (圖3)。
	形體	靜置 1 天之後，表面的麵粉已出現許多裂縫 (圖4)，代表發酵的跡象已出現，高度也比初步混合時高，從側面和底部觀察高出 2 倍左右，麵團內部已出現小型氣孔 (圖5)。
	氣味	聞起來如稀釋過的養樂多，混雜裸麥麵粉的味道。
第二回	材料	在第一回麵糊的基礎上，加入裸麥麵粉 25 公克、水 50cc，靜置約 24 小時。
	形體	經過 12 小時，麵團已膨脹明顯至 2 倍高，大小氣孔明顯。再經過 12 小時，麵團消風已向下沈落，氣孔不如之前多。
	氣味	已無麵粉味，酸氣濃郁，有如祖母的醬菜罐，但沒有臭酸味。

第三回	材料	將瓶中的麵糊取出一半（棄種），只留下一半在瓶中（圖6）。加入裸麥粉50公克，水50cc。靜置約24小時（圖7）。 6　　　7
	形體	經過12小時，麵糊已增高幾乎脹滿整個瓶子（圖8），表面出現月球表面般的大小孔洞（圖9），側面和底部滿佈氣孔，代表整個麵糊充滿空氣（圖10），拿湯匙一碰到麵糊，會聽見麵團中的空氣嘶嘶流出，瞬間消風的聲音。再經過12小時，麵團消風已向下沈落（圖11），氣孔不如之前的多。 8　　9　　10　　11
	氣味	酸氣刺鼻強烈，伴隨醋味。
第四回	材料	重覆第三回的步驟，當酵種再次增高2倍高時，初種即完成。
	形體	與第三回時變化相同。
	氣味	酸氣刺鼻轉為深厚穩重。

第二步：製作發酵種

酵種初種（culture）完成後，可以馬上取出部分做為發酵種（starter）來製作麵點（圖1），剩下的初種再以等比例的粉水加以餵養攪拌（以此類推為第五回）（圖2），放在室溫下發酵至增長 2 倍以上高度即可再使用（圖3），或是放入冰箱冷藏保存。

第三步：續種與發麵團

若以每星期 1～2 次製作麵包的進度來餵養初種做發酵種的話，每星期餵養的次數也是平均 1～2 次。基本原理就是每次製作麵包前，取出部分初種再加入等比例的麵粉和水混合攪拌，培養 1～2 回，待增高到 2 倍時，即是完成發酵種，用來製作發麵團並做成麵食。例如 1 次拿出 30 公克的初種，加入麵粉 30 公克、水 30cc，餵養 1～2 次即可做為發酵種。

❖ 為什麼要丟棄（discard）部分酵種？一定要丟棄嗎？

「麵粉種」在培養的過程中，經常在添加新鮮麵粉之前，採取丟棄（discard）部分酵種的步驟，我稱為「棄種」。這「部分酵種」可達酵種的一半，甚至更多。丟棄的理由必須先回歸到養酵的終極目標是「做出成功的發麵」。養酵不是目標，只是過程，但麵粉種和其他種類的酵種最大的不同點在於「基質」，麵粉種中的酵母單一養分來源來自「麵粉」，我們必須不停地添加麵粉來培養出足夠製作成功發麵的酵種，在酵種完成之前不停地添料，酵種的量也不斷地加倍增多，如果不捨棄部分酵種，不知不覺就會發現酵種從一杯，然後到一瓶，甚至最後到一盆。結果酵種太多，加上烘焙次數跟不上酵種增加的速度，續養動作又不能停止的狀況下，「酵種」就會多到消化不完，也會造成心理上和空間上的負擔。當然，「棄種」並非「必要」，對於每1～2天就做一批麵食的人來説，製作頻率和酵種補給的速度相當，就可達到零棄種的節奏了。

其實，在酵種活力不佳時，棄種也是必要的。棄種的目的就是為了使酵種一直處在「新陳代謝」的生理狀態下，這種「汰舊換新」即是讓酵種藉機會重新大換血，這個步驟也可以適用於所有種類的酵種。只有酵種中的菌相保持新鮮年輕（fresh and young），才能發揮十足酵力，製作出良質的麵包成品。所以，為了有效率地「養酵做麵包」，一定要「有捨有得」。

不過，許多人對於丟棄（discard）酵種的步驟感到「為難」及「不捨得」，所以本書也介紹了許多以「棄種」製作出美味麵食的食譜，讓棄種不再是一種心理負擔（食譜請參考 P.285）。

酵種的
生理與維護

酵種，是充滿了多樣微生物、無數酵母菌和乳酸菌的微世界，可當成一個生命體來看待，所以無論是酵液或是酵種，「新陳代謝」是維持生命不可或缺的生理機制，掌管營養、呼吸、活動，甚至繁衍和傳承，生命體才能健康地生生不息。

在養酵的過程中，酵母一般都會經歷四階段：遲滯期、快速生長期、穩定期和衰退期。因此，酵種像人類一樣需要「照顧」，不然也會飢餓、生病，甚至老化、死亡。不斷地給予關注、補充養分、維持健康和活力，才能一代傳一代，保持「良質」的種性。這個「續種」的工作，就是日本人所謂的「種継ぎ」。

「續種」最簡單的概念就是在舊酵基礎上培養新酵，然而看似簡單的「添料接種、培養增殖」的工作，卻充滿著許多難以控制的變數，就像經過長年歲月不斷傳承的老種，風味愈來愈醇厚，但酵力卻不一定愈來愈強。尤其在一般家庭中要管理適切的溫度、保持器具的清潔、時間的掌握、材料的調配比例等。其中，「時間」本身就是培養酵種的最大變數，隨著長時間的持續餵養，雜菌滋生的機會也愈高，矛盾之處就在於續種時間若不夠，養不出「優勢菌種軍團」，時間若太長，前輩「優勢菌種軍團」年紀大了，體力弱了，則容易讓後生晚輩的雜菌趁機而入，失去優勢的前輩們一下子就全軍覆沒，也養不出良質的酵種。**只要記住，酵種是「活的」，可說沒有「保存期限」，但卻有「賞味期限」。**

快速培養與起死回生：以舊養新、以新救舊

以上介紹在家 DIY 野生酵母的酵種，費時費力，是否有比較節省時間和步驟的方法呢？一般來說，光是花在培養酵液上的時間大概就得花上 5 ～ 7 天，但是卻有一種方法可以把時間縮短成 1 天就可以收液，我把它稱為「以舊養新法」，就是在舊酵的基礎上，培養新鮮的酵液。

我有個習慣，總會在冰箱蔬菜室的角落存放一瓶起種液（starter extract），或稱做「引子」。起種液，就是把養好的酵液留存約 100cc 的量，在每次養新液時，將水量中的一部分（約 80 ～ 100cc）用起種液取代，收液的時間就可以大幅縮短，加上使用舊酵瓶，因舊酵瓶內充滿豐富的酵母菌，利用起種液加舊酵瓶的雙重的功效，達到驚人的快速收液時間。這個原理同樣也可以運用在酵種上，利用剩下少許的酵種加入麵粉、水（或是酵液）、糖類（可省）等直接用舊酵種起新酵種。

這個以舊養新的方法，也是一種讓疲勞或活力不佳的酵液起死回生的方法。若是酵液或酵種放在冰箱保存久了，多半出現活力不足的現象，可以在酵液或酵種中添加「精力湯」的方法來拯救疲勞的酵母，讓酵液起死回生並且快速取得新酵，我把它稱為「以新救舊法」。

1. 純優格、優酪乳、養樂多等乳酸飲料：

例如在原本酵液（約 100cc）中，加入原味優格 150cc、水 150cc、砂糖 1 小匙（可省），把材料全部混合在舊瓶中，溫暖處放置 1 天，如果出現許多氣泡，打開瓶蓋時有汽水開瓶音，就是完成保養了。如果沒有出現，可以多放 1～2 天，使其完成發酵。

2. 純蜂蜜：

以酵液 1：水 1：蜂蜜 0.2～0.4 左右的比例，攪拌後放置，當液體呈現如啤酒或汽水的起泡狀態即是恢復元氣。

3. 純果汁或糖水：

例如在原本酵液（約 100cc）中，加入純果汁（例如蘋果汁、柳橙汁、葡萄汁等）150cc、水 150cc，或是直接用糖水（例如砂糖水、黑糖水），把材料全部混合在舊瓶中，溫暖處放置 1 天，如果出現許多氣泡，打開瓶蓋時有汽水開瓶音，就是完成保養了。如果沒有出現，可以多放 1～2 天，使其完成發酵。

4. 舊酵果渣：

濾掉酵液的果渣可以做起種材料，本身就含有豐富的酵母菌，但因為本身已無養分，所以要加入新的材料，例如優格、果汁、糖水、蜂蜜等等，加入適量的水再重新發酵。渣如果全部浮起來並產生汽水狀，是即是恢復元氣。

5. 棄舊添新：

這種方法主要出現在麵包種（酸種）或是活力差的酵種上，將酵種的五～七成取出來做為棄種，而容器只留下三～五成。在瓶中加入等比例的麵粉和水，也可以加入適當少量的糖或蜂蜜（可省略，但加入效果快又好）來發酵，等增長 2 倍大後，馬上開始製作成發麵團，或是再放入冰箱保存。途中的棄種可以參考第二章的食譜，拿來做各式美味麵食。

實例 1：牛奶蜂蜜酵母

　　利用舊酵液養新酵液的方法，將舊有的優格酵液（約 100cc）從冰箱拿出來回溫至常溫後，放入 200cc 的全脂牛奶和 30℃ 左右的飲用水 100cc，加入 1 大匙（約 20cc）的蜂蜜混合攪拌均勻（圖1），放在溫暖處，約 1～2 天即可收液（圖2）。接下來即可馬上進入培養酵種步驟（圖3）。這樣可將養酵日程縮短至 3 日之內。

1　　　　　　　　2　　　　　　　　3

實例 2：葡萄乾酵母

　　利用舊酵液養新酵液的方法，將舊有的葡萄乾酵液（約 100cc）從冰箱拿出來回溫至常溫後，放入 50 公克全新的葡萄乾和 30℃ 左右的飲用水 300cc（圖1），放在溫暖處，約 1～2 天即可濾渣收液（圖2）。接下來即可馬上進入培養酵種步驟（圖3）。這樣可將養酵日程縮短至 3 日之內。

1　　　　　　　　2　　　　　　　　3

酵種的

保存

第一原則：現做現用，新鮮最好

酵液：酵液一旦培養完成，建議趁最新鮮的時候來培養酵種。若打算 1 日內完成 3 次餵養成酵種，那麼剩餘的酵液可以放在室溫保存，完成酵種後若還有剩餘就放冰箱保存。酵液會隨時日減弱效力，原則上儘量早日使用完畢，每次只要培養完新一期的酵液，就保留一小部分做起種液，可節省培養新酵液的時間。

酵種：當酵種完成後，建議趁新鮮馬上做成發麵團，剩餘的酵種添入新料再次餵養。若是 1～2 天之內不做發麵，就可先放入冰箱發酵，一般可放在冰箱 1 星期左右仍具有活力，只要放置超過 3 天，最好取出添料來補充養分。記得隨著放置時間愈長，養分就愈少，活力愈低。以我的經驗，第三天的酵種若是中途都沒有餵養，活力是剛做好酵種的大約三分之一而已。可加入粉水 1：1 的新料，或少量的砂糖或蜂蜜，然後放置室溫發酵至 2 倍大，再放入冰箱保存。原則上，每次完成的新鮮酵種，都在 1 次製作麵包麵團時使用完畢，不要有剩餘。若有剩餘就馬上續種，並在 1 星期內使用完畢。

第二原則：脫水乾燥，低溫保存

自製野生酵母粉

當酵種 1 次做太多、想長期保存，或是出門遠遊想隨身攜帶自製酵種的情況下，可以把酵種脫水乾燥製成酵母粉，無論到任何地方，酵母就可以帶著走，甚至可以當做禮物送人。

81

✤ 如何自製野生酵母粉

▪ **製作環境**	秋冬乾冷的日子最適合
▪ **所需材料**	剛培養好的新鮮酵種
▪ **製作過程**	酵種 → 風乾 → 粉碎 → 冷藏

▪ 製作步驟（以葡萄乾酵母為例）

第一步	準備好經過 3 回餵養完成的新鮮酵種。 葡萄乾酵母的培養方法請參考 P.42。	
第二步	利用刮刀將酵種舖平在烘焙紙上，如塗水泥般的動作，愈薄愈好。	

第三步	覆蓋上網子後，放在通風良好、避免日光直射的地方，自然風乾。	
第四步	每天用乾淨的刮刀或手去翻面，等到有乾燥的地方就可以先撕成塊，加速乾燥。約4～5天的時間至全部乾燥完成。	
第五步	利用研磨機，分次打碎，愈碎細愈好，容易還原。	
第六步	放入乾淨的袋子或瓶子中封好。	
第七步	放到冰箱冷藏室，避免受潮變質，酵力也會隨時間減弱，儘早使用完畢。	

❖ 如何使用自製野生酵母粉製作發麵

第一步：將酵母粉還原成新鮮酵種

選擇方法 1

以酵母粉 50 公克加上新鮮酵液（或是糖水）100cc 充分混合後，放置溫暖處至表面起泡，所花時間約 4～6 小時（圖1）。起泡後加入麵粉（高筋或全麥麵粉）50 公克、砂糖 5 公克，充分混合（圖2）。放置溫暖處至增高約 2 倍即完成還原（圖3）。此方法雖然時間較長，但酵母粉可充分融化，又因為再餵養過 1 回，所以還原程度高、活力較佳。

1　2　3

選擇方法 2

以酵母粉 50 公克：高筋麵粉 50 公克：溫水 100cc：砂糖 5 公克的比例，直接混合後放置溫暖處至起泡即完成還原。以優格酵母粉為例（圖1），以酵母粉 50 公克：高筋麵粉 50 公克：溫水 100cc：砂糖 5 公克的比例（圖2）直接混合，放置溫暖處至起泡即完成還原（圖3）。

1　2　3

第二步：新鮮酵種製作成發麵團

將此還原好的酵種按偏好比例（一般為三～五成）（圖1），加入主麵團混合製作成發麵團後（圖2），即可按照一般製作麵食的方法開始製作麵食（圖3）（例子可參考 P.207）。

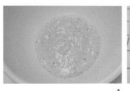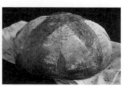

1　2　3

保存形式 2　**酸種冰塊**

麵包種（酸種）製作費時長久，途中又必須經過多次棄種，若是烘焙頻率不高、想長期保有酸種又不想花精力長期照顧，可以把酸種分塊冷凍保存，在製作麵包前加以還原續養，即可馬上利用。但畢竟不是常溫照顧下的酵種，必須經過確實的還原餵養，才能重新恢復酵力。

✦ 如何製作酸種冰塊

▪ 所需材料

酸種（剛培養好的新鮮裸麥、全麥、白酸種都可）

▪ 製作過程

新鮮酵種　→　入模　→　封包　→　冷凍

▪ 製作步驟（以裸麥酸種為例）

第一步	準備好新鮮酸種。 酸種培養方法請參考 P.71。	
第二步	將酵種直接倒入乾淨的冰塊盒中，1 顆約是 30 公克。	
第三步	表面蓋上保鮮膜，再放入食物保存袋中封好，平放入冷凍室保存。	

✤ 如何使用酸種冰塊製作發麵

將酸種冰塊還原成新鮮酵種。酸種冰塊在室溫完全解凍後（約花費 1 小時左右）（圖1），以麵粉 1（裸麥、全麥、或高筋白麵粉）：水 1 的比例（例如加入 20 公克的麵粉和 20cc 的水）（圖2）充分混合放置溫暖處（圖3），發酵至表面起泡（約 6 小時）即完成還原（圖4）。

第一步

1　　　　　2　　　　　3　　　　　4

第二步	重覆步驟 1，持續餵養 2～3 回至酵種完全增長 2～3 倍大。 
第三步	新鮮酵種製作成發麵團。將步驟 2 的酵種按偏好比例（一般為三～五成）加入主麵團混合製作成發麵團（圖1），即可按照一般製作麵食的方法開始製作麵食（圖2）（例子可參考 P.243）。   1　　　　　　　　　　2

保存形式 3

麵包屑酵種

取自於古埃及人做麵包的方法，把烤好的麵包浸泡於水中使之發酵 1～2 天，再加入新的材料培養新種，這種方法比一般從頭開始培養酸種來得省時省力。建議使用養分充足的裸麥酸種麵包，起種容易，酵力穩定。將一小部分的酸種麵包冷凍保存，每次拿出來 1 片浸泡於溫水中發酵起泡，利用少量麵粉和水續種 2～3 回即可馬上做成發麵。

✥ 如何製作麵包屑酵種

▪ 所需材料	酵液階段材料	冷凍後解凍之麵包 （最好是無油無糖的全麥 或裸麥類酸種麵包）	50g
		30℃左右溫開水	100cc
	酵種階段材料	麵粉	每回 50g 2 回共 100g
		水	每回 50cc 2 回共 100cc

▪ 製作過程

麵包屑 → 發酵 → 酵液 → 發麵 → 續養 → 成品

▪ 製作步驟（以裸麥酸種麵包為例）

第一步	將冷凍麵包放室溫解凍。用手將麵包剝或切成細丁放入坡璃瓶中。	

第二步	加入水，用攪拌棒充分攪拌均勻。蓋上蓋子，放置溫暖處靜待發酵。	
第三步	約過半日後麵包完全膨脹軟化，用攪拌棒上下充分攪拌 1 分鐘後再蓋上蓋子，發酵約 1 日左右。瓶底開始出現氣泡上衝，代表已成發酵液。	
第四步	加入等比例的麵粉和水混合攪拌（例如 50 公克麵粉加 50cc 水），使之發酵高度增高 2 倍後，再重覆 1～2 回餵養，待高度增高 2 倍後即完成酵種。   	
第五步	將此步驟 2 的酵種按偏好比例（一般為三～五成）加入主麵團混合製作成發麵團。	
第六步	按照一般製作麵食的方法開始製作麵食（例子可參考 P.213）。	

老麵丸子

將酵種加入多量的麵粉，經過基礎發酵後，分割成團保存下來，或每次製作麵包的基楚發酵後預留一部分做為下次的酵種，都可算成一種老麵。在麵團中加入老麵，可以提升整體風味和膨脹力道，但老麵畢竟已算是一種過發的麵團，酵力已不如新鮮酵種，所以使用老麵製作麵食，一般都是以配角方式存在，例如老麵搭配新鮮酵種或是酵液，或是如一般坊間麵包店再加入少許商業酵母，甚至加入泡打粉等方法來製作麵食，都是可能的烘焙方式。老麵雖然很少直接當發酵種製作麵食，但因本身屬於發麵，仍會隨時間自然發酵而產生酸味，為了抑制酸味，坊間以「對鹼」方式來中和酸味。其實我們只要把老麵冷凍保存，中止持續發酵，就可以保有老麵優點，同時解決發酸問題。

✤ 如何製作老麵丸子

▪ 所需材料			
	高筋麵粉	300g	100%
	新鮮酵種	300g	100%
	水	150cc	50%
	鹽	3g	1%
	合計	753g	251%

▪ 製作過程

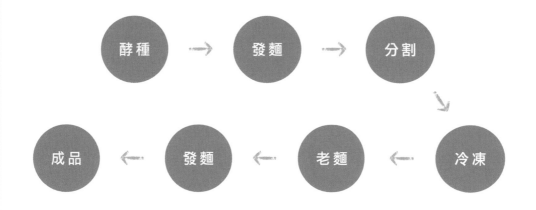

酵種 → 發麵 → 分割

成品 ← 發麵 ← 老麵 ← 冷凍

▪ 製作步驟（以葡萄乾酵種為例）

第一步	準備好新鮮酵種。	
第二步	將麵粉、水、鹽和酵種一起揉成麵團，發酵至2～3倍大。	 
第三步	將麵團排氣分割滾圓。	

第四步	每顆麵團用保鮮膜包好。	
第五步	放入保存袋中，再放入冰箱冷凍保存即是老麵丸子。	

✢ 如何利用老麵丸子製作發麵

第一步	將老麵丸子放在室溫下解凍軟化。	
第二步	老麵（一般為主麵團麵粉量的二～四成左右），再搭配新鮮酵種或酵液（圖1），加入主麵團混合製作成發麵團（圖2），即可按照一般製作麵食的方法開始製作麵食（圖3）（食譜例子可參考 P.257）。	

1

2

3

養酵
「聞看聽」

「酵種」是成功製作野生酵母麵食的基石，一顆兼具口感和美味的「成功」野酵麵食一定是「正常」酵種做出來的。在家自製野生酵母種，不像是工廠量產標準化的商業「精英酵母」，它們是「野孩子」，有時「正常」，有時「搗亂」，充滿難以控制的變數，所以在發酵過程中產生問題而做出失敗成品是常見的事，這是選擇野生酵母的必備心態。家，不是專業的實驗室，我們也只是一般家庭主婦，所以只能用「五官」去觀察手上的酵種是不是「正常」，是不是準備好可以「做麵食」了。

第一：用耳朵聽「聲音」

常有人說「酵母會唱歌」，其實不是酵母唱歌，而是在發酵過程中，尤其培養酵液時，發酵所產生的氣體從瓶蓋的縫隙中流瀉出來，或是從果實間出現微微的沙沙聲，有時像鳥鳴聲，有時像蟲叫聲，代表旺盛的發酵作用。若是用保鮮膜緊貼瓶口，也會發現保鮮膜如氣球一般鼓脹起來，也是發酵正在進行的証據。酵

種雖然不像酵液發出聲音，但充滿活力的酵種必定是充滿空氣，用湯匙取用酵種時，酵種馬上會逸出大量空氣而潰陷，發出一陣海綿被壓扁的聲音。

第二：用鼻子聞「氣味」

在製作酵液時，材料混合剛開始的第一天，一打開酵液瓶口聞一聞，以水果本身的果香混合些許酸味為主。第二天則有明顯酸味，果香為次，第三天出現酒味合併強烈的酸味，果香已不明顯。第四天酒味濃厚、酸味緩和。第五天，酒味減弱，酸味平穩，代表酵液已達正常狀態。在製作酵種時，第一天以麵粉味為主，混雜酵液本身的酸氣、酒氣和果香味。第二天之後麵粉味減弱，酸氣、酒氣明顯，酸味類似醋味。隨著餵養次數的增加，酒氣漸弱，以酸氣為主導氣味，酸氣醋味變成溫和的乳酸味。以裸麥或全麥起種的酸種其酸氣最為明顯，但酸氣中帶有一種屬於穀物的麥香和類似養樂多的乳酸味。記

住「酸氣不代表臭氣」，酸不一定臭，就像醋有酸氣，但不臭，但壞掉的牛奶就是酸臭。當酵液或是酵種在培養的中段或後段聞起來有強烈醋味、吐奶的臭味或刺鼻的膠苦味時，就是「不正常」的警訊。

第三：用眼睛看「形態」

酵液是否有如汽水般的氣泡向上衝至表面，果實是否軟爛分崩離析。充分發酵過的果實因為變輕而浮在液體上，有的甚至擠出瓶口，而且崩爛的果肉會產生許多沈澱物，如同一圈光環 (圖1)。酵種則以出現「網目組織」為主要判斷標準，如海綿狀充滿氣泡，質地如慕絲般 (圖2)（詳細可參考 P.51）。

1

2

影響酵母成長的變數很多，一般來說有基質營養、溫度、溼度、水分、氧氣等等，考量變因也同時依靠自己的五感去「聞、看、聽」來臨機應變，和野生酵母相處會讓自己的五感感受力變得更為敏銳、敏感。

養酵最常出現的 Q&A

Q：每回續種或餵養添加材料的分量要如何決定？麵粉是否一定要同類型麵粉？

A：若是一家 2～4 口人的小家庭，一星期烘焙頻率 1 次時，建議平均每回麵粉量 30～50 公克左右，烘焙頻率 2 次可用 50～70 公克左右，但若烘焙頻率高、製作量多時，用 100 公克為單位也可以。每回的麵粉量也不一定相同，例如第二回放 50 公克，第三回改成 70 公克也可以。當少於 30 公克，麵粉量則太少，養分不足時酵母容易飢餓，若不及時餵養，起種就容易失敗，所以按烘焙量和頻率來調整分量，沒有公式規則。除了麵粉之外，水量也是，多或少於 10cc 也沒關係，在同樣水量條件下，以一般白麵粉培養出的酸種要比裸麥或全麥麵粉培養

的酸種來得稠稀（如右圖），所以在培養白酸種時，水量可斟酌略減 10 ～ 20%左右。一般精製白麵粉中的高筋麵粉、中筋麵粉都可以餵養，但不建議用低筋麵粉。原則上，為求往後製作麵包時配方的穩定性和成品品質的控制力，粉水比例要保持 1：1。

Q：家庭培養野生酵母時，材料選擇上需要注意哪些地方？

A：雖然幾乎所有的蔬菜、水果、根莖、麵粉、茶葉、咖啡渣、酒粕、米麴，甚至連淘米水等等都可以做為發酵基質，但是本書養酵的目的在於做出成功美味的麵食，是拿來做發麵的，所以在家庭的有限條件下，以及做出最能達到發麵效果（口感兼美味）的酵種前提下，建議選擇材料時，以甜度高的果乾或新鮮水果類像葡萄、蘋果為主，加上優格、蜂蜜、全麥麵粉等材料，成功機率最高，而且做出來的麵食也最符合我們對成功麵食的要求。像糖分低的基質或是純澱粉類、根莖類等不建議單獨起酵，因為純澱粉糖化作用時間長，酵母菌增殖培養不易，在過程中容易使其他雜菌如醋酸菌等佔上風，若一定要使用，也建議搭配像甜度高的葡萄、蘋果、蜂蜜等，直接提供酵母增殖的養分，讓酵母在短時間增生。有關養酵水果選擇可參考 P.54。

Q：培養酵種時，發現酵液不夠了，可以用什麼液體代替呢？

A：在培養酵種時常常發現酵液不足，若是以營養高的全麥、裸麥麵粉起種，用純水就可以，但若用一般高筋麵粉，建議使用含糖的液體，像蜂蜜水、砂糖水、黑糖水、純果汁、養樂多、優酪乳等等，成功率都很高。

Q：酸種培養初種的時間，次數和日數是不是固定的？一定要按照書上說的次數和天數嗎？

A：從一開始混合到初種完成的時間，受到各種變數影響，如季節、室溫高低、材料的多寡、麵粉的品質、添料、棄種節奏等等而不同，短則 4 天，長則 7 天都有，培養初

種（室溫在 27 ～ 30℃ 左右的條件下）剛開始的餵養節奏大概都是以 1 天為單位，室溫低則日時長，室溫高則日時短。到了培養後期，主要依靠目測，有時餵養後 12 小時內就會出現明顯的網目組織，這時就可以判斷初種完成，一旦完成初種，酵種非常容易飢餓，網目和高度都消失很快，理想的步調就是在酵種最旺盛時取用製作麵食，但若是無法即時使用，就馬上進行餵養以保酵力。

Q：培養酵液數日之後，瓶底累積了混濁的殘渣物，這些殘渣物要過濾出來嗎？或是養酵出現問題了呢？

A：培養以水果、果乾等基質的酵母液時，隨著發酵程度增高，果肉軟爛而分崩離析，瓶底累積愈來愈多的細小屑渣，甚至變成一圈厚質的沈澱物，日本人稱為「澱（おり）」。輕的會浮在酵液表面，重的就會沈澱在瓶底，

這些都是屬於果渣的一部分，充滿了豐富的酵母菌，也是充分發酵的證明，常用此沈澱物來判斷酵液收液的條件之一。所以在使用酵液之前，要充分搖晃酵瓶，讓酵液和果渣可以充分混合，再加入麵粉培養酵種。

Q：培養了數日的酵種表面出現了一層水水的液體，顏色呈茶色，聞起來酸氣很重，這是什麼原因呢？

A：就算每次固定粉水 1:1 的比例餵養，隨著餵養次數增加，酵種會有愈變愈稀的現象。從原來如慕絲狀的海綿體，

1

2

逐漸變成如熔漿狀的軟泥。主要是因為發酵作用所釋發出的熱量和水氣閉悶在容器中，又重新滲流回酵種中，屬於正常現象。但是若酵種經過一段時間缺乏照顧，原始菌相開始老化，發酵變弱，氣體排出量也會隨之減少，網目組織消失，這時水氣蓄積在酵種表面（圖1）或內部如夾心般（圖2），浮出一層如酸水（Hooch）的液體，我稱之為「出水」。出水也常出現在含水量高的酵種中，當添加的水量超過粉量時，酵母攝取了麵粉中的養分，代謝出了水，使得酵種變得更稀，所以是缺乏照顧的酵種或培養酵種初期容易出水的現象。輕微的出水時，先倒出或是撈起水氣，然後馬上進行攪拌或餵養，加入新材料和新水，可以減少水量來調整，等待酵種發酵脹高至 2 倍以上。若一直沒有脹高，代表酵種無力，建議重新起種。

Q：起種剛開始前幾天，麵種表面出現大小氣泡，但餵養了幾次，發現表面氣泡消失，而且結成一層皮，硬硬乾乾的，長的就像是一層角質，這是什麼原因呢？

A：表面結皮，有可能是接觸空氣而乾燥，要保持上蓋狀態，避免直接曝露在空氣中。新鮮有活力的酵種，表面一定是溼潤鼓脹，充滿氣泡，除了因為接觸空氣所產生的乾皮之外，一般都是因缺乏照顧的酵種其原始菌相代謝不佳出現「老態」，發生粉水分離現象，除了「出水」之外，也常伴隨「結皮」，所以結皮的形成原因和出水很類似。另外像粗粒的全麥或裸麥麵粉的酵種也經常有結皮。若發生結皮，就馬上用湯匙或叉子夾起丟棄，立即加入新料續養，過程中要多攪拌，如果在半日之內增長 2 倍高度，表面沒有結皮，可算恢復活力，但若一直沒有增高，就建議重新起種。要避免結皮就是勤勞攪拌，讓酵種上下層充分對流，表面保持新鮮溼潤。

正常酵種的表面　　　活力不佳產生結皮　　　正常裸麥酸種表面　　活力不佳裸麥酸種產生結皮

Q：酵種酸氣非常刺鼻，好像醋一樣，做出來的麵包膨脹性不佳，而且酸味重，這是什麼原因？

A：無論是酵液或酵種，聞起來有酸味或些許酒味是正常的，活力正常的酵種所做出的麵包，在經過高溫烘焙下，這些酸氣、酒味都會揮發消失。但如果是以下的狀況就會產生酵種變酸、麵包變酸的情形：

1. 容易酸化的酵種：

麵粉種是公認最酸的酵種，因為澱粉糖化作用時間長，所以做出來的麵包也會呈現明顯酸味。若使用糖分低的基質像澱粉類、根莖類等當養酵材料時，因為糖化作用時間長，在過程中容易使其他雜菌如醋酸菌等佔上風，就會讓酵種變酸。所以建議要使用甜度高的基質如葡萄、蘋果等水果，若是甜分不高的基質，建議添加砂糖、蜂蜜等直接提供酵母增殖的養分，縮短時間讓酵母增生。

2. 活性不佳的酵種：

若是使用活性不佳的酵種，菌相受到環境壓力而疲勞、老化、變質，進而影響發酵，導致發酵時間過長，讓麵團變酸。所以當酵種在續種時，就出現「增長 2 倍」的時間

愈變愈長，或甚至花數小時都無法增長，這就是疲勞酵種的徵兆。

3. 發酵過度的麵種：

當酵種放置過久，或是麵團發酵過度，麵團內的糖分已被完全吸收，放任養分不足的時間過久，就會使酵母菌失去優勢而使雜菌繁殖而變酸。雖然野生酵母自然發酵時間較長，但也不能忽略發酵時間而過發，所以要特別注意起種環境或麵團溫度的控管。

4. 環境溫度過高：

酵種或是麵團在炎熱高溫的環境中發酵，容易使酵母菌、乳酸菌過度活躍而暴走，雖然增長快速，但糖分在短時期快速被消耗分解，當養分一旦不夠時就會變酸，酵種也會馬上失去活力，所以發現酵種高度下降快速時，或是麵團表面過發陷落時，就要小心環境溫度是否過高。

5. 烘焙溫度低：

烘烤麵包的溫度一般平均在 180℃ 以上，只要超過 200℃，大部分的酸氣會隨著高溫烘烤而消失，但是像饅頭、包子等「蒸」的麵食，溫度相對較低，酸味也較不容易揮發，所以許多店家所謂的老麵饅頭常添加「食用鹼」來抑制酸味。以我個人經驗，在家製作饅頭類時只要使用新鮮活力的酵種，則不用加任何鹼，一點都不酸而且保有獨特香氣。另外現烤出爐的麵包吃起來酸氣弱，但放涼之後酸氣則會變明顯。

6. 個人對「酸味」的感受力：

一般來說，對「酸」的感受力會因飲食文化、生長環境而不同，西方人習慣吃含有酸味的麵包，但很少攝取發酵食物的家庭或民族也就不太能接受酸味，所以同樣一粒酸種麵包，有的人覺得「酸的受不了」，有的人則是毫無感覺。

Q：野生酵母麵食的配方如何轉換成商業快速酵母麵食的配方？

A：野生酵母的酵力無法與商業快速酵母相比，就算是同為野生酵母，因培養基質和餵養保存方式的不同，所產生的酵力、含水量、質地也都不同。要在野生酵母和快速酵母配方做互換，求得精確的烘焙百分比，其實是不可能的，也不太建議這麼做。但是，若遇到一個心儀的野生酵母麵包食譜，但是手上沒有野生酵母時，可用以下的計算方式來換算成快速酵母配方：

互換前提：野生酵種是以粉水 1：1 比例餵養的酵種
（例如：酵種 100 公克，可拆成麵粉 50 公克：水 50cc）

以下為換算實例：

小圓麵包材料	原始野生酵母配方（g）	轉換後的快速酵母配方（g）
高筋麵粉	200	240
野生酵種	80	無
水	110	150
鹽	3	3
砂糖	15	15
奶油	20	20
快速酵母粉	無	3
合計	428	431

原始的野生酵母小圓麵包配方中酵種 80 公克，拆成高筋麵粉 40 公克、水 40cc。

所以轉換後的高筋麵粉量為 200 公克＋ 40 公克＝ 240 公克

轉換後的總水量 110cc ＋ 40cc ＝ 150cc

快速酵母添加量，一般是總麵粉量的 1%（240 公克 ×1% ＝ 2.4 公克），所以加上約 3 公克為適量。

Q：快速酵母麵食的配方如何轉換成野生酵母麵食的配方？

A：同理，若是遇到一個心儀的快速酵母麵包食譜，但是卻想以野生酵母來製作時，可以利用以下思惟去計算成野生酵母配方。

互換前提 1：野生酵種是以粉水 1：1 比例餵養的酵種
互換前提 2：必須先決定好使用的酵種量（佔總麵粉量的比例）

以下為換算實例：

小圓麵包材料	原始快速酵母配方	約 30% 酵種	40% 酵種	約 50% 酵種
高筋麵粉	240	210	200	190
野生酵種	無	60	80	100
水	150	120	110	100
鹽	3	3	3	3
砂糖	15	15	15	15
奶油	20	20	20	20
快速酵母粉	3	無	無	無
合計	431	428	428	428

先決定欲使用的酵種量，一般為佔總麵粉量的 30～50% 之間。

例如原始快速酵母小圓麵包配方中，想使用 80 公克的野生酵種（以 40% 酵種為設想），酵種拆成 40 公克的麵粉和 40cc 的水，分別從原始高筋麵粉和水量中各減掉 40，得出轉換後的野生酵母配方為 200 公克的麵粉量和 110cc 的水。

第三部

發 麵

人類自古以來，就懂得培養野生酵母做出美味的麵食，這樣的飲食歷史悠久長遠，中國人用老麵做饅頭，法國人用魯邦種做法棍，德國人用酸種做黑麥麵包等等，東西方都珍視這種以野生酵母自然發酵的古老智慧。如何把培養好的酵種變身成發麵美食，就從材料篇、道具篇、方法篇一步一步開始進入野生酵母麵食的美妙世界。

✥ 野生酵母麵包為什麼會愈嚼愈香？

在一份有關野生酵母的論文中，研究者發現了一個有趣的現象，他好奇野生酵母所製作出來的麵包風味為什麼比一般商業酵母製作出來的與眾不同？

研究員取樣了幾處使用「百分之百純野生酵母」的麵包店，發現了店家所製作的麵包中，除了含有主要的酵母菌之外，還有比一般商業酵母麵包多了更豐富的乳酸菌，其中舊金山一處專以「酸種」聞名的麵包店裡，採樣了酸種麵包，麵包中所含的乳酸菌居然是酵母菌 5 ～ 10 倍的含量，單是 1 公克的野生酵母發酵種中就含有高達 6 ～ 20 億的乳酸菌，還有像醋酸菌等豐富的有機酸。麵團在長時間發酵的過程中，這些有機酸和酒精反應具有特殊風味的「酯」，這就是野生酵母為什麼愈嚼愈香的原因了。

主要粉類

精製白麵粉

　經過精製加工，去除胚芽、麩皮，只保留小麥胚乳的白麵粉，主要分高筋、中筋、低筋三種。

全麥麵粉

　整粒小麥研磨，含有完整的胚乳、麩皮和胚芽。色澤上呈茶色，因麩皮多、筋度低，製作麵包時常混合精製白麵粉。

裸麥麵粉

裸麥又稱黑麥，筋性低，黏度高，質性緊密，麥香明顯，營養素豐富，是黑麥麵包和酸種起種的原料。

法國麵包專用粉

　廠商特別為製作硬式麵包調配的特殊麵粉，性質接近中筋，絕大部分多添加麥芽精或是米麴等，例如像法國 T55, T65 等，本書使用日本 Lysdor。

斯佩爾特麵粉（Spelt）

古老小麥品種，多以全穀的形式磨成粉，口感細緻，風味獨特。筋度較低，製作麵包時需混合一般麵粉使用。

米粉

市售烘焙用的一般米粉，多是分成無麩質米粉（gluten-free, 製菓用）及添加麩質的米粉（麵包用）兩種，坊間的麵包店所販售的米麵包也是添加了小麥蛋白的產品。本書使用的米粉選用無麩質米粉以製作蛋糕及甜點類。

✦ 養酵為什麼要使用「無漂白的麵粉（unbleached flour）」？

麵粉若是經過漂白，則會影響到起種的成敗和品質，起種失敗率非常高。小麥本身含葉黃素和胡蘿蔔素，會使得麵粉呈現輕微的米黃色，因此未經漂白的麵粉應該呈現微微的米黃色，而非純白色。麵粉若呈現乾淨純白色，多是添加了「過氧化苯甲醯」（Benzoyl peroxide 縮寫 BPO，麵粉漂白劑），可以氧化以去除葉黃素和胡蘿蔔素的顏色，使麵粉變為白色，並可讓麵粉不容易變質、延長保存。長期食用過量漂白的麵製品，可能會引起腹瀉、肚痛、消化不良、心悸，也可能導致氣喘、皮膚過敏。紐澳、歐盟、日本等國家都已禁止使用「過氧化苯甲醯」，台灣地區則是在法律規定的添加限量內，並且在包裝上標示清楚，即可准許使用。

如果判斷麵粉是否經過漂白，一般用肉眼不容易觀察出來，經過漂白的麵粉呈現絕白，聞起來淡而無味。最直接的方法則是看麵粉外包裝的標籤辨識，食品標示欄中是否標明含有 BPO 等添加物，一般麵粉業者都會直接在包裝上標示「未添加過氧化苯甲醯」或「未添加漂白劑」等字樣，若無這些標示，則極可能是添加了「過氧化苯甲醯」或漂白劑的麵粉。最保險的方法還是向信譽良好、經過認証的大型麵粉廠購買標示「無添加漂白」的麵粉。

其他粉類

小麥胚芽粉

從小麥中萃取出胚芽部分，經過烘烤焙煎過的小麥胚芽粉。

焙煎蕎麥

蕎麥，種子呈三角形，去殼之後磨成麵粉狀，就可以做成各式的麵食、茶飲等。

麥芽精粉

為大麥發芽所製成的麥芽糖萃取而成，含分解酵素，有助於將麵粉中的澱粉分解成葡萄糖。在培養酵種或是製作麵包時，可借助麥芽精使酵母活躍，促進發酵，本書使用麥芽精粉。

全脂奶粉

本書使用一般家庭容易取得的全脂奶粉，脂肪含量較高，可適度減少其他油脂用量。

玉米粒粉

乾燥玉米磨成粉而成，可單獨做為主食，也常使用在製作滿福堡餐包的表面裝飾上。

各式調味粉

椰子粉、起司粉、抹茶粉、咖啡粉等,用於調色和調味。

純可可亞粉

可可豆是巧克力的主原料,可加工成粉或塊,本書使用含可可亞 100% 的純巧克力粉。

水

　　水是構成麵團形成麵筋網絡不可或缺的材料,也是酵母生存的必要條件。培養酵液所使用的水質也會影響養酵的成敗。如果遵照一般養酵方法和環境都合適的條件下進行,卻總是失敗,就可能要考慮一下水質的問題。有些國家的自來水含氯濃度高,或是使用過濾太乾淨的水,或 PH 值太高或太低的水都不適合養酵,最方便穩當的方法就是把自來水煮沸放涼使用,或是使用瓶裝飲用水也可以。另外,水質也會對麵團發酵、軟硬度產生不同程度的差異,一般來説,軟水製作麵包,麵筋容易軟化,麵團黏稠攤軟,但若是使用硬度過高的水,反而阻礙發酵,麵團容易斷裂乾燥。麵包製作上以偏硬水的水質較佳,有利於發酵,生產出來的麵包品質較高。以百分之百野生酵母酵種發酵的麵團,因為發酵時間偏長,過程中麵團容易出水,加上酵種本身含水量的影響,麵團容易偏於攤軟,所以若是以野生酵母製作麵團,建議可以適量調減水量以符合野酵麵團的特性,例如商業酵母的饅頭配方中,水量若是50%,那麼野生酵母麵團的配方水量就可調減至 45% 左右。

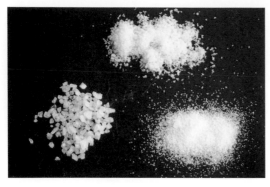

鹽添加在麵團中有一個重要的目的，就是以強化麵筋，在野生酵母麵包製作上尤其重要。因為野生酵母麵團酵力不如商業酵母來得穩定，因此強健的網目組織不容易形成及保持，加入鹽有助於形成緻密的網目組織，強化麵團筋性，也讓麵團容易操作，避免形弱而攤軟。另外，鹽也是麵包風味最重要的基底之一，尤其是製作材料單純的主食麵包，鹽的分量及品質更顯重要。然而，鹽也有抑制發酵的特性，在製作野生酵母麵團時，一般使用後鹽法，也就是酵母和其他材料初步混合攪拌、水合完成後再添加入麵團中。

✤ 溫馨小提醒

「後鹽法」結果就變成「忘記放鹽」的情形很多。後來我想出一種方法，就是直接把鹽放在刮刀上，然後整個刮刀放在水合麵團上，這樣水合完成之後，就直接利用刮刀把鹽加入麵團中，用了這種方法之後，就沒有發生過忘了加鹽的意外了。

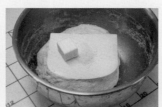

| 用此方法可防遺忘加鹽 | 寒冬時可以將奶油、鹽放在一起水合 | 確實套好保鮮膜或是蓋上蓋子，以防乾燥 |

糖類

精製砂糖

純黑糖

精製細紅糖

粉糖

蜂蜜

　　糖類在野生酵母自然發酵方法上扮演極為重要的角色,尤其是在培養、續養酵種上,糖類可直接補給酵母養分,餵過糖的酵母幾乎可以馬上恢復活力,使發酵變得更為順利。例如加了糖的麵團和不加糖的麵團,在相同烘焙環境條件下,加糖的麵團發酵狀況相對地良好及快速,不加糖的麵包種類如法國麵包、歐洲鄉村麵包在發酵時間上都相對緩慢。砂糖、黑糖、蜂蜜、果汁等都是常用的糖類材料,粉糖通常是用在裝飾上,其中「蜂蜜」是野生酵母烘焙的常備好幫手。在製作麵團時,加入砂糖的時機最好是直接和酵種、水一起混合,以助發酵。

✛ 蜂蜜 —— 在培養酵母液及酵種上的效用

蜂蜜是蜜蜂將採取來的花蜜經過體內的消化酵素分解而成，所以是由葡萄糖和果糖所構成，不需要先分解轉化成單糖，可直接被酵母菌所吸收，加上蜂蜜的來源是大自然中的花草，本身即含有豐富的野生酵母菌，所以，蜂蜜是極具有效率的起種材料。養酵生活中常備一瓶蜂蜜，它可以在適當的時機扮演酵母「大補丸」和「救生員」的角色。

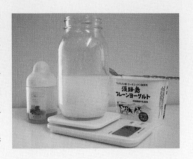

第一：製作成蜂蜜酵母

純正蜂蜜本身含有豐富的酵母菌，單純用蜂蜜加上水，放入乾淨的瓶子中，一個星期內就可以培養出活力旺盛的酵母液。

第二：利用蜂蜜的糖分，成為酵母菌的養分

利用蜂蜜代替一般的砂糖，當作酵母菌保持活力的養分。

第三：酵母液增量及保持活力

當酵母液只剩下一點點，可以添加「蜂蜜水」再次發酵，短時間可以增加酵母液的數量，同時讓酵母保持活性。

Q：蜂蜜為什麼沒有保存期限？為什麼放在常溫下也不容易變質？

A：純正的蜂蜜是沒有保存期限的。蜂蜜本身即是花蜜的集合體，充滿了野生酵母菌，但為什麼不會發酵變質呢？原因在於，蜜蜂只採取花蜜，因此蜂蜜水分含量極低，是一種糖分濃度極高的液體，高濃度的液體滲透壓也高，所以抑制了細菌和酵母菌的生長，尤其市售蜂蜜又經過纖縮和封蓋處理，就更不容易變質。反之，一旦蜂蜜受到了污染，如不乾淨的器具或受潮而水分增加時，就會快速發酵變質。長時間曝露在空氣中的蜂蜜吸收空氣中的水分而受潮，使得糖分濃度降低，提供了細菌滋長的空間，那沈睡在蜂蜜中的大量酵母菌則會迅速地將糖分分解成酒精和二氧化碳，因此，如果蜂蜜嚐起來有酒味或是發酸，代表蜂蜜已經開始發酵或變質了。

油脂

動物性油脂（如奶油）

固態油（如豬油）

植物性油（如米油）

液態油（如橄欖油）

人造油脂

　　油脂，可提高麵團的柔軟度、溼潤度和伸展性，同時防止麵包老化。本書所使用的固態油脂有奶油、豬油，奶油主要分為無鹽和含鹽兩種，製作麵包所使用的奶油，雖然一般指的都是「不含食鹽」的無鹽奶油，但在配方奶油量不多的情況下，含鹽奶油（100公克奶油含約 1.5 公克食鹽）也可以代用，為考慮家庭購得方便，此書的配方都是使用含鹽奶油。本書所使用的液態油，以橄欖油和向日葵籽油為主，不使用人造油脂如 Margarine。油脂也有抑制酵母活動的特性，所以一般都是在初步形成筋度之後再加入油

脂，夏天可直接將冰奶油揉入麵團中，冬天則需回溫放軟後再加入麵團，以調整麵團溫度。稍有硬度的奶油，可利用手指溫度捏軟搓入麵團，或是利用刮刀壓平後加入麵團。液態油可以直接加入麵粉中和其他材料一起混合，也可以在手揉途中一邊加一邊揉麵。

其他配料

堅果

果乾

根莖蔬菜

新鮮水果

起司乳酪

雞蛋肉類

調味香草

種籽

m第部發麵

✤ 本書測量主要調味材料的重量簡表

材料名	測量工具		
	量杯	大匙	小匙
	200cc	**15cc**	**5cc**
水	200cc	15cc	5cc
細砂糖	110g	9g	3g
細鹽	210g	15g	5g
酒、醋	200cc	15cc	5cc
醬油	230cc	17cc	6cc
沙拉油	180cc	14cc	4.5cc
麥芽精粉	·一般是以大姆指和食指捏住的量為 1 小撮（約為 0.2g） ·0.5g 則約為 2 小撮或 1/4 小匙。		

113

養酵道具

容器

攪拌棒與湯匙

濾網、小盆

保鮮膜塑膠套

養酵道具的原則：專用與清潔

　　培養酵種的容器以「固定一套」，不做為其他用途，每次使用前只要洗淨擦乾即可，無需特別煮沸消毒。容器不要有裂痕，小心不要刮傷，不然縫裡會有細菌滋生容易變質。養酵過的瓶子可以發揮舊酵瓶（酵母菌的寶庫）的功效，舊酵養新酵，可一直重覆使用。

　　培養酵液道具：酵液因偏酸性，所以建議使用玻璃瓶罐。瓶子、湯匙、夾子、金屬蓋子等洗乾淨，一起放入滾水中煮沸至少 3 分鐘。取出放在架子上自然風乾，或是用餐巾紙擦乾。不要用裝過泡菜、醃菜、醬汁等口味過重的舊罐子，例如像辣椒醬等調味醬的瓶子都不適合，而塑膠製的瓶蓋因為無法煮沸消毒，最好以金屬製為主。

　　培養酵種道具：起種時用的容器可使用塑膠保存盒或玻璃罐，以透明偏細高型的為佳，因容易看出發酵狀況，容器太寬太大的都不容易目測。使用前一定要洗淨擦乾。

調理道具

烤箱

　　烤箱可分成瓦斯型烤箱、旋風式電烤箱、蒸氣式電烤箱和微波烤箱等等，每種烤箱都有特殊的「個性」。瓦斯型烤箱火力強大，最高溫度可達 300℃以上，適合烘烤大型麵包如歐式鄉村麵包，一般中小型家庭以電烤箱最為經濟方便，溫度控制性高，可以一次烘烤多量的食物，最高溫度以 250℃為主。無論何種烤箱，製作野生酵母麵包時，要注意烘烤時間和烘烤溫度。一般來說，烘烤野生酵母麵包的溫度要比商業酵母麵包高出 10℃左右，時間也較長，多出約 3 ～ 5 分鐘，尤其體積愈大的麵包，烘焙時間愈長。野生酵母麵包因較不容易烤熟的特性，所以烤箱預熱非常重要，建議在入爐前 20 分鐘就開始預熱烤箱（若使用烘焙石板，預熱至少需 30 分鐘以上），預熱烤箱的溫度設定一般也比正式烘烤溫度來得高 20 ～ 30℃。

蒸籠 ——

　　家庭蒸製饅頭或包子時用的蒸具各式各樣，竹蒸籠、金屬蒸爐、傳統電鍋、大鍋加蒸盤等等都可以，我個人一般使用瓦斯爐搭配金屬蒸爐，或是炊飯用電鍋搭配竹蒸爐和金屬蒸籠兩種。

　　瓦斯爐配合蒸籠製作時要考慮蒸製時的水量，蒸爐內若放入太多水，會影響滾沸時間及蒸氣量，以 600 公克左右的麵團量來説，爐內水量是 1000cc 左右，若是炊飯用電鍋（我個人使用的是 1.8L 人份傳統型電鍋），以 600 公克左右的麵團量（分成約 6 顆小麵團）來説，外鍋放入 1 杯半的量米杯的水（約 250cc），冷水起蒸至完成所需要的時間是 20 分鐘左右。我個人做法是，無論使用一般瓦斯爐或是炊飯用

電鍋都是以冷水起蒸，電鍋自動跳起為準。瓦斯爐從冷水開始蒸，剛開始用大火煮至滾開，等蒸籠邊飄出蒸氣後再轉成小火，蒸約 15 分鐘。 金屬蒸籠邊可夾一隻筷子開小縫，以釋放蒸籠內部壓力。金屬蒸爐蓋子上最好綁上布，以防水滴到饅頭，竹蒸籠則不用開縫也不用綁布。

烘焙道具

麵盆容器

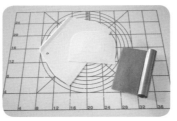

揉麵台、刮刀

溫度計、量秤

發酵籐籃

帆布手套

烘焙石板、麵鏟

烘焙紙

各式烤模

麵包刀具

其他小物

✤ 發酵籐藍型尺寸配合麵粉量、麵團量表

籐籃型式尺寸（cm）		麵粉量（g）	麵團量（g）
圓型	11.5	60 ～ 70	100 ～ 120
	18.5	170 ～ 200	300 ～ 350
	22.5	300 ～ 350	500 ～ 600
	24	350 ～ 400	600 ～ 700
橢圓長型	18.5	120 ～ 150	200 ～ 250
	21	230 ～ 260	400 ～ 450
	24	300 ～ 350	500 ～ 600

野生酵母自然發酵製作麵食的方法，離不開基本的烘焙原理，但野酵和商酵最大的不同，就在於「酵力」。野酵的最大特性在於「野性」，酵力隨時變化，不一致也不穩定，所以有人說「野酵麵食」是「磨」出來的。一般商酵麵食短則 1 小時，長則半日就可以完成，但野酵麵食從起種到成品，短則 5 天，長則數週，野性的酵力讓「時間」成為製作野酵麵食最難掌控的變因。所以在製作野酵麵食時永遠都要把野生酵母千變萬化的「野性」放在心上，採取「隨機應變」的方法，以調整環境、配方、時間、製法，才能製作出成功又美味的野酵麵食。

基本製作方法

如何運用自養的野生酵母製作出成功的發麵呢？說穿了就是「酵液、酵種、老麵」三種要素和各種主副材料所有可能的排列組合。千變萬化存乎於手作人的抉擇。

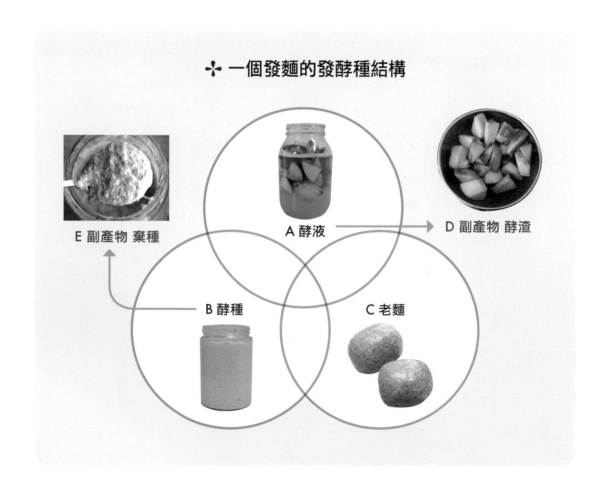

✤ **一個發麵的發酵種結構**

E 副產物 棄種

A 酵液

D 副產物 酵渣

B 酵種

C 老麵

✤ 主要歸結四種製作方式：

單一酵液（A）法：

以酵液直接取代配方中的水量，加入麵粉、糖、鹽等材料揉成麵團發酵，製作成品。

單一酵種（B）法：

酵液經過麵粉數次餵養製成酵種，再加入麵粉、糖、鹽等材料揉成麵團發酵，製作成品。

單一老麵（C）法：

將每次的發麵保存一部分做為下次的酵種，都可算成一種老麵，但因為不同的起種方法、保存時間和不同的添加分量都會影響老麵在整體麵團中發揮的酵力，單純依賴單一老麵無法產生足夠的酵力，所以老麵經常搭配新鮮酵種或是酵液，或是如一般坊間麵食店再加入少許商業酵母、泡打粉等方法來製作麵食，都是可能的方式。

各種組合法：

酵種、酵液和老麵，除單一使用，還有各種排列組合：

A＋B＝酵液 + 酵種

A＋C＝酵液 + 老麵

A＋B＋C＝酵液 + 酵種＋老麵

B＋C＝酵種 + 老麵

D 酵渣

E 棄種

健康的酵種 ＋ 適切的環境 ＋ 彈性的操作 ＝ 野酵麵食三要件

預防酵種滋生雜菌及發霉的對策

1. 健康的酵種

　　商業酵母酵力穩定，因此製作麵食時，酵母所需用量一般都有固定參考值，然而野生酵母的酵力是不固定的，因此沒有「參考值」，所以也沒有所謂的配方比例問題，即使在相同的起種條件和材料之下，每個人培養出來的酵種酵力也不相同，尤其隨著餵養次數的增加，酵種本身的菌量、含水量都會變化，**在不同酵力基礎上來討論材料比例是無意義的，同理來說，想嘗試在商業酵母和野生酵母兩者的麵食配方上做轉換也是無意義的。**與其要求準確的配方值，不如確實養出健康有活力的酵種才是根本。若以健康的酵種來說，酵種用量一般介於總粉量的 30 ～ 50% 之間，使用不同性質的酵種，或不同粉水比例的酵種，做出來的麵食口感風味都有差異。酵種量高口感較為密實，酵種量低口感較為膨鬆有彈性，簡單來說，野酵只能說「夠不夠力，用過了才知道」。

2. 適切的環境

　　溫暖和營養是養酵最不可或缺的環境要求，酵母增殖最適合的溫度介在 28 ～ 32℃之間，高溫使酵母菌死滅，低溫使之停止活動，所以酵母可說是「不怕冰凍只怕火煉」。然而，在炎夏時節，室溫時常超過 32℃，使得酵母一直處於過於溫暖的環境，也會促使其它雜菌活躍滋生，寒冬時節溫度過低，培養時間一拉長，又會給予雜菌入

侵的機會,因此,夏天配合冰箱冷藏或使用冷氣,冬天利用熱水瓶或密閉空間中放置熱水製造溫暖也是應變方法。酵母的繁殖及活力決定於營養,酵母直接吸收的是葡萄糖、果糖等單醣類,麵團中的酵母吸收的單醣,主要來自兩方面,一是麵粉中的澱粉水解成的單醣,另外則是來自添加於麵團的糖分副材料,如砂糖、果汁、蜂蜜、麥芽精、酵液等,經過酵母自身的酶系水解成單糖,產生供自己生存的葡萄糖,再代謝產生酒精與氣體。當營養不足或是停止供應營養時,飢餓的酵母失去活力,不但讓酵種癱軟無力,也會使得雜菌趁機滋生,變質變酸或變弱。這就是為什麼「餵」(feed)在保存酵種活力上非常重要。在餵養酵種時,分批補充麵粉,或添加少量的糖分,以「少量多餐」為原則。

3. 選擇溫溼度較穩定的季節養酵

春秋兩季比夏冬來得適合。在炎夏時節培養酵液時,可利用冷氣房、冰箱冷藏功能,或是在酵液中放入幾片檸檬片也可抑制雜菌。

4. 注意放在冰箱保存的環境條件

平日放在冰箱保存時,記得保持冰箱內部的清潔,減少開關,避免冷藏太多的食物以保持冷度,並注意溫度調控。

5. 器具的清潔極為重要

一定要消毒風乾,培養過程中若發現瓶蓋或蓋緣積蓄水氣或沾附酵種,用乾淨的餐巾紙擦去,一旦發現發霉就必須丟棄。

1. 低溫發酵法

在製作野酵麵食時，為應變長時間發酵，利用冰箱冷藏麵團是最常使用方法之一，將揉好的麵團測量揉畢溫度，當麵團溫度超過 25℃ 時，直接移至冰箱蔬菜室，若是麵團溫度低於 25℃，則可先放置室溫 1～2 小時，再移至冰箱，低溫發酵至麵團膨脹 2～3 倍以上以完成

基礎發酵。在寒冬夜晚室溫低的情形下，也可以直接放在室溫發酵。例如晚上 10 點揉畢後把麵團放在作業台上開始發酵，可以到隔天早上 6 點起床整型，再進行最後發酵，那麼早上就可以吃到香噴噴的麵食了。

2. 全程冷藏發酵法

這是第一種低溫發酵法的延伸，我稱為「睡美人」麵團。此法不但把基礎發酵交給冰箱，連最終發酵都在冰箱中完成，麵團幾乎全程睡在冰箱中，製作時間延長至 1～2 日，時間拉長也相對讓生活作息更有彈性。

3. 製作發酵淺短的麵食款式

中式饅頭或貝果等低含水量且口感紮實的麵團，一般來說發酵時間較短，在控制好烘焙環境條件下，可將製作時間縮短至半天左右，相對節省時間。

簡而言之，傳統野生酵母自然發酵法是沒有 SOP 的，並非從實驗室裡控調所產生的標準化理論，而是老祖先在一代傳一代的生活實踐中獲取的經驗值並加以整理出來的「手作紀綠」。我們可以發現這些傳統的自然發酵麵食製作，方法都非常簡單且原始，現在我們在家裡利用的原理和數千年前古代人所用的方法，其實根本就是一回事，所以在家庭中尋找隨手可得的材料來開始「傳統野生酵母自然發酵」的手作麵食生活，並非想像般困難，準備好自養的酵種，就讓我們開始動手做第一顆野酵麵食吧。

✤ 野酵麵食 v.s. 商酵麵食在口感上的不同點

　　每種麵食因發酵程度和製作方法不同，會呈現不同的口感和風味。鄉村麵包外脆內軟充滿空氣感，軟法麵包鬆澎Q彈，吐司麵包軟嫩清香，貝果、饅頭紮實有嚼勁。大致上來說，長時間發酵是野酵麵團的特點，發酵力道和穩定度上不如工廠培養的商業酵母，因此單純利用野生酵母自然發酵的力量來製作麵食，成品通常都有以下幾項共通點：

1. 形體 —— 烘焙膨脹（oven spring）程度較低

　　野酵麵團因長時間發酵所以容易癱軟而向四周外擴，影響成品高度。所以製作野酵麵食建議儘量使用烤模來穩固麵團，尤其像高含水量的歐式鄉村麵食，水分含量高加上麵團重量體積大，麵筋支撐不住麵團重量，因而烤出較為扁平的麵食。解決方法就是在發酵時利用發酵籐藍、烘烤時利用鑄鐵鍋來保持麵團形狀。另外也可以利用整形時調整手法來減少麵團癱扁，例如製作小圓餐包、饅頭或是包子時，在成形過程確實收口，再加強滾圓，搓成上寬下窄的雞蛋型，雞蛋型可以讓麵團在發酵後保持端正的圓型。

2. 組織 —— 內部組織較紮實細密

　　一般野酵麵食麵團，麵筋組織形成不易之外，保持更為困難，嬌弱的麵筋骨架支撐力弱，所以不容易包覆氣體，一旦受到外力破壞馬上受傷。因此若是過度施力的動作，像揉麵、拉扯、排氣、擀麵、成形等都有可能破壞麵筋而流失氣體，也因此野酵麵團除了較為扁平外，組織上也較為緊密。例如同樣的奶油餐包，用手拿起來秤一秤，野酵麵食重量感覺上較商酵麵食來得沈實，但野酵麵食相對上按壓回彈度高，口感Q彈，烘烤後成品不容易變形。

3. 表皮 —— 成品表皮較硬厚

　　主要是野酵在長時間發酵過程中表皮容易乾燥，加上野酵麵食烘焙溫度較高，表皮在上火高熱風強的情況下，更容易烤出厚皮。若是入爐前在表面噴撒過度的水氣或塗抹過度的蛋液，也會形成厚皮，另外發酵不足也是烤出厚皮的最主要原因。

　　整體上來看，野酵麵食不如商酵麵食來得澎鬆柔軟，但相對上，野酵麵食細緻Q彈的口感和穩重深奧的風味則是商酵麵食無可比擬的。

✤ 何謂烘焙百分比？

烘焙麵食配方中常出現的材料百分比，是以配方中麵粉量為基礎，固定為100%，其他材料均依麵粉量設定一定比例，也就是材料和麵粉之間的比例關係。

以本書「英式瑪芬餐包」（6粒）配方為例子說明：

材料名	重量（g／cc）	百分比（100%）
高筋麵粉	250	100
水	170	68
酵種	80	32
鹽	3	1.2
砂糖（白細砂）	10	5
奶油	10	4
合計	523	210.2
玉米粒粉（裝飾用）		適量
新鮮紫蘇葉（裝飾用）		適量

利用烘焙百分比可換算成想製作麵食的分量。例如將上方英式瑪芬餐包的配方換算做成12粒的小餐包，1粒約60公克，加上5%的麵團耗損率，那麼配方表修改成：

原始麵團重量：60×12 = 720g

考慮耗損率後的麵團重量：720 ×105% = 756g

756÷210 = 3.6（係數）

材料名	原始重量（g）	百分（100%）	係數	調整後份量（g）（百分比＊係數）
高筋麵粉	250	100	3.6	360
水	170	68	3.6	245
酵種	80	32	3.6	115
鹽	3	1.2	3.6	4
砂糖（白細砂）	10	5	3.6	18
奶油	10	4	3.6	14
合計	523	210.2	3.6	757

表格的最右側得出12粒小餐包（1粒約60公克）的最新配方分量。

Chapter

2

原汁原味
做麵食

百吃不厭
的經典麵包

蛋奶系

日式鹹奶油餐包

	無 低 中 高
發酵程度	▆▆▆▆▆
操作難度	★ ★ ★ ★ ★

發酵種結構 **白酸種**

酵液

酵種 老麵

　　日本麵包店最火紅的招牌麵包——塩パン。台灣稱這款麵包為「鹽可頌」，其實和法國可頌沒有什麼關係，它的口感鬆軟如奶油餐包。鹹麵包是中間捲入了一塊鹹味奶油，濃郁的奶油香氣融化在麵包內合為一體，一口咬下那微微的鹽香味，讓人一口一口停不下來。

材料 分量：6粒		
高筋白麵粉	250g	100%
酵種	80g	32%
水	170cc	68%
砂糖（白細砂）	10g	4%
奶油	10g	4%
鹽	3g	1.2%
合計	**523g**	**209.2%**
其他		
有鹽奶油 （夾心用，須冷藏）	30g（5g*6 份）	
杏仁片（裝飾用）	適量	
全蛋液（裝飾用）	適量	

附帶道具

烤盤、烘焙紙

製作時間

直接法：約 6 小時
隔夜冷藏法：約 12 小時

準備工作

1. 預備好新鮮酵種（白酸種方法請參考 P.71）。
2. 秤量材料、揉麵用奶油（夏天可直接用冰奶油，冬天則室溫放軟）。
3. 計算水溫。（夏天可用冷水，春秋用常溫水，冬天用溫水）。

製作流程

混合揉麵
8 分鐘
▼
添料二次揉麵
8 分鐘
▼
靜置排氣
1 小時
▼
基礎發酵
2 ～ 3 小時 或
隔夜 8 ～ 12 小時
▼
分割滾圓
10 分鐘
▼
中間靜置
10 分鐘
▼
成形加工
20 分鐘
▼
最後發酵
1.5 小時
▼
表面裝飾
2 分鐘
▼
入爐烘烤
18 分鐘

1 混合揉麵

1-1

加入酵種、水、砂糖至麵盆中，輕微攪拌。

·············· Tips ··············

先讓酵種、水、砂糖混合後，再加入麵粉的理由是，酵種本身屬麵糊性質，和水調合成半液體狀的黏液，再分次加入麵粉，此種方式粉水較容易結合。相反地，如果把酵種放在最後再加入已初步形成筋性的麵團中，因麵團中的麵粉已充分吸水，無法順利吸收麵糊般的酵種，導致結合困難。原則上，先讓酵種和水混合之後再加入麵粉，手揉操作相對較為順利。

1-2

分次將麵粉加入麵盆，攪拌至成團。

·············· Tips ··············

分次加入麵粉可讓粉水結合更為順利。

1-3

利用手根部位先將麵團伸展開來，貼著揉麵台將麵團向前平推再收回，不同角度重覆推開收回，確實將酵種、麵粉、水和材料均勻揉進麵團中。揉到麵團表面初步光滑。

2 添料二次揉麵

2-1

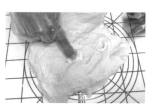

把麵團攤開成正方狀，撒上鹽之後，利用手指力量將軟化的奶油戳進麵團中。

·············· Tips ··············

鹽和奶油有抑制發酵的特性，在製作野生酵母麵團時，一般在揉麵至初步形成筋性後再添加鹽和奶油。

金時紅豆麵包
芝麻紅豆餡餅

發酵程度　
操作難度　★★★☆☆

發酵種結構　**葡萄乾酵母粉**
（高筋白麵粉還原續種）

酵液
酵種　老麵

圓渾飽滿、金黃誘人的麵包中，包裹綿滑甜蜜的紅豆餡，是麵包店最招牌的人氣商品之一。此款麵包特別選用大粒鬆軟的北海道金時紅豆，用低糖低油的麵團製作。除了做成招牌紅豆麵包之外，再化身成另一款平民美食芝麻紅豆餅，一樣麵包兩種美味吃法。

材料 分量：12粒		
高筋白麵粉	400g	100%
酵種	200g	50%
水	220cc	55%
奶油	20g	5%
砂糖（白細砂）	10g	2.5%
鹽	4g	1%
合計	854g	213.5%

紅豆泥餡	
金時紅豆	500g
水	1500cc
白砂糖	250g
奶油	30g

其他	
黑芝麻粒（麵團用）	1大匙
黑芝麻粒（表面裝飾）	適量
杏仁果（表面裝飾）	6粒
全蛋液（表面裝飾）	適量

附帶道具

烤盤、烘焙紙

製作時間

直接法：約6小時
隔夜冷藏法：約12小時

139

準備工作

1. 預備好新鮮酵種（葡萄乾酵母粉酵種製作方法請參考 P.82）。
2. 事先製作好紅豆泥餡。
3. 秤量材料、揉麵用奶油（夏天可直接用冰奶油，冬天則室溫放軟）。
4. 計算水溫。（夏天可用冷水，春秋用常溫水，冬天用溫水）。

製作流程

製作紅豆泥餡
1 小時

▼

混合揉麵
10 分鐘

▼

添料二次揉麵
10 分鐘

▼

基礎發酵
2～3 小時 或
隔夜 8～12 小時

▼

分割滾圓
10 分鐘

▼

中間靜置
15 分鐘

▼

成形加工
20 分鐘

▼

最後發酵
90 分鐘

▼

表面裝飾
5 分鐘

▼

入爐烘烤
20 分鐘

1　製作紅豆泥餡

紅豆洗淨浸泡一晚。將紅豆加水煮沸後倒除澀水，用清水沖洗紅豆。紅豆放入內鍋中，再加入 1500cc 的水，外鍋放入 2 杯量米杯水，煮至紅豆鬆軟。將紅豆濾出，放入煮鍋中，加入砂糖、奶油，以小火一邊攪拌搗碎一邊加熱至糖和奶油充分溶化。待熱氣消退，成品量中取 420 公克做此麵包配方量，每粒 35 公克，共 12 粒紅豆餡丸子，蓋上保鮮膜以防乾燥。

·········· **Tips** ··········

金時紅豆盛產於日本北海道，形體比一般紅豆飽滿粒大，含豐富澱粉，但脂質相對少，口感鬆軟，多用於煮豆料理，所以做為甜餡使用要加入奶油，以增加溼潤度，改良口感。若使用一般紅豆則可省略奶油。

2　製作麵團

加入酵種、水、砂糖至麵盆中攪拌。加入麵粉攪拌，手揉到麵團表面初步成團。把麵團攤開成一正方狀，加入鹽和奶油揉開，分成等重的2粒麵團，其中一粒加入黑芝麻粒，分別配合按壓揉合，使麵團充分出筋膜。整圓收口麵團，表面塗薄油，放至麵盆中。

3　基礎發酵

溫暖處靜置發酵至體積膨脹約2倍大。

4　分割滾圓

將麵團倒至作業台上排氣，每粒麵團各分割成6粒等重的小麵團，每粒滾圓後蓋上溼布，靜置15分鐘。

5　成形加工

5-1

紅豆麵包：先取1粒小麵團，擀成圓形麵皮後，包進1粒紅豆餡丸子，滾圓收口朝下放置烘焙紙上，完成其他5粒。

5-2

芝麻紅豆餡餅：先取1粒小麵團，擀成圓形麵皮後，包進1粒紅豆餡丸子，滾圓收口朝下放置烘

焙紙上，頂部上放置1粒杏仁果，完成其他5粒。

6　最後發酵

溫暖處發酵1小時30分鐘，預熱烤箱220℃。

7　表面裝飾

紅豆麵包上塗蛋液後，頂部沾黏黑芝麻粒。芝麻紅豆餡餅上蓋上烘焙紙，再蓋上紅豆麵包的烤盤，即紅豆麵包烤盤在上，芝麻紅豆餡餅的烤盤在下，兩烤盤一起送入烤箱。

8　入爐烘烤

烤溫190℃烘烤20分鐘。烘烤約過12分鐘後對調烤盤方向，以平均烤色。

蛋奶系

紫薯花卷麵包

發酵程度 無 低 中 高
操作難度 ★★★★☆

發酵種結構　牛奶蜂蜜酵母　牛奶蜂蜜酵液
（裸麥麵粉起種，高筋白麵粉續種）

酵液
酵種　老麵

此款麵包用酵液取代配方水，可促進發酵，增添風味。此款麵包包入了紫薯甜餡，紫薯加熱後呈深紫色，滋味香甜，是做甜點和料理的上等材料，又含有豐富的花青素，是極為抗氧化和保護眼睛的養生食材。運用中華花卷饅頭的造形手法，讓美味的甜麵包更賞心悅目。

附帶道具

烤盤、烘焙紙

製作時間

直接法：約 6 小時
隔夜冷藏法：約 12 小時

準備工作

1. 預備好新鮮酵種及酵液（牛奶蜂蜜酵種製作方法請參考 P.79）。
2. 事先製作好紫薯泥餡。
3. 秤量材料、揉麵用奶油（夏天可直接用冰奶油，冬天則室溫放軟）。
4. 計算水溫（夏天可直接使用冰涼狀態的酵液和蛋液，冬天建議常溫狀態）。

材料	分量：6 粒	
高筋白麵粉	280g	100%
酵種	100g	35.7%
酵液	110cc	39.3%
全蛋液	55cc	19.6%
奶油	10g	3.6%
砂糖（白細砂）	5g	1.8%
鹽	3g	1.1%
合計	563g	201.1%
紫薯泥餡		
紫薯（削皮）	300g	
有鹽奶油	20g	
白砂糖	60g	
其他		
粉糖（裝飾用）	適量	

製作流程

製作紫薯泥餡
30 分鐘

混合揉麵
10 分鐘

添料二次揉麵
10 分鐘

基礎發酵
2～3 小時 或
隔夜 8～12 小時

分割滾圓
10 分鐘

中間靜置
15 分鐘

成形加工
20 分鐘

最後發酵
90 分鐘

入爐烘烤
20 分鐘

1　製作紫薯泥餡

將紫薯削皮後，切成 4 或 6 等分，放入電鍋內鍋，外鍋放入 1 杯水蒸熟即可。趁熱加入奶油和砂糖攪拌搗碎成泥。成品量中取 150 公克做此麵包配方量，每粒 25 公克，共 6 粒紫薯泥餡丸子放涼備用。

2　製作麵團

加入酵種、酵液、全蛋液、砂糖至麵盆中攪拌。再加入麵粉攪拌，手揉到麵團表面初步成團。麵團攤開加入鹽和奶油，配合揉合按壓，使麵團充分出筋膜，整圓收口，表面塗油放入麵盆中。

3　基礎發酵

溫暖處靜置發酵至體積膨脹約 2 倍大。

4 分割滾圓

排氣後分割成 12 粒等重的小麵團，每粒滾圓後蓋上溼布，靜置 15 分鐘。

5 成形加工

5-1

先取 2 粒麵團，擀成橢圓形麵皮，取 1 粒紫薯丸子放在其中一張麵皮上，隔著保鮮膜將紫薯餡擀平在麵皮上，另一張麵皮蓋至上方，表面用擀麵棒擀整平。

5-2

在表皮上用刀片切出 6 道刀紋，從斜下角向對角線捲起成細長麵條，繞圈打結，收口朝下。陸續完成其他麵團。

6 最後發酵

溫暖處發酵 1 小時 30 分鐘，預熱烤箱 220℃。

7 入爐烘烤

190℃烤 20 分鐘。中途對調烤盤方向，以平均烤色。出爐後表面撒上粉糖裝飾即可。

蛋奶系

雞蛋方塊小餐包

發酵程度　無　低　中　高
操作難度　★★★☆☆

發酵種結構　**葡萄乾酵母**
（全麥麵粉混合高筋白麵粉起種）

酵液
酵種　老麵

日本麵包店常有一款零嘴風的麵包叫パヴェ，四四方方又小巧可愛，帶著紮實的咬勁，造形如同小石板，從英語 Pave 借名，取「石疊」之意，台灣古早味蘋果方塊麵包就是此款麵包的近親，此款麵包特別利用冷凍麵團，再以不同發酵時間營造兩種不同口感，鬆軟的或是紮實的，淡淡的雞蛋奶油香，不甜不膩，各有美味之處。

材料　分量：12～14 粒		
法國麵包專用粉	300g	100%
酵種	100g	33.3%
蛋黃水（蛋黃2顆＋水）	200cc	66.7%
奶油	20g	6.7%
全脂奶粉	10g	3.3%
砂糖（白細砂）	30g	10%
鹽	3g	1%
合計	663g	221%
其他		
全蛋液（表面裝飾用）	適量	

附帶道具

烤盤、烘焙紙

製作時間

冷凍法：約 1.5 日

準備工作

1. 預備好新鮮酵種（葡萄乾酵種製作方法請參考 P.42）。
2. 秤量材料、揉麵用奶油（夏天可直接用冰奶油，冬天則室溫放軟）。
3. 計算水溫。（夏天可用冷水，春秋用常溫水，冬天用溫水）。

製作流程

混合揉麵
10 分鐘

靜置揉麵
30 分鐘

冷凍保存
24 小時

分割成形
10 分鐘

最後發酵
2 小時

入爐烘烤
20 分鐘

---

1 混合揉麵

加入酵種、蛋黃水、砂糖至麵盆中攪拌。加入麵粉攪拌，手揉至麵團表面初步成團。把麵團攤開撒上鹽並加入奶油。配合按壓揉合，使麵團呈三光狀態。

2 靜置揉麵

2-1

靜置 10 分鐘，再揉到麵團光滑有彈性。再次靜置 10 分鐘。

2-2

麵團表面塗薄油，塑膠袋內部也輕微塗油，將麵團放入塑膠袋中擀成平整的塊狀。

3 冷凍保存

放在平盤上，放入冰箱冷凍，最少 1 天。最長可放置 1 個月。

········· **Tips** ·········

此款麵團特別利用冷凍來營造出如石板般的形狀和紮實口感。放入冷凍時注意一定要平放，表面避免起皺紋而影響成品表面外觀。

4 分割成形

從冰箱拿出麵團，用剪刀把袋子四周剪開，表

面舖上少許手粉，切成正方形小麵塊，排在烘焙紙上。

———— Tips ————

分割的過程中，可適當使用手粉，切的時候要一刀快速切開，切面才會漂亮。

5　最後發酵

表面塗上一層蛋液。利用烤箱空間中放置熱水製造出溫溼環境，發酵1小時50分鐘，預熱烤箱200℃，預熱時取出室溫持續發酵約10分鐘，共計約2小時。

———— Tips ————

若是想營造鬆軟口感，可適當延長發酵時間至3小時。

6　入爐烘烤

入爐前再塗一次蛋液，190℃烤20分鐘，中途烤盤換方向平均烤色。

———— Tips ————

換個口感。此為延長發酵時間所烤出的成品，膨脹程度大，口感相對鬆軟。

蛋奶系
黑糖肉桂麵包卷

發酵程度	無 低 中 高
操作難度	★ ★ ★ ☆ ☆

發酵種結構　**優格蜂蜜酵液**

酵液

酵種　老麵

只用酵液就可以製作出一款絕對經典的英式點心麵包，濃郁的奶油香中融合了甜蜜芬芳的黑糖肉桂風味，一出爐香氣就飄滿整個屋子，十足誘人。特別適合派對、聚會、下午茶時間，沖杯熱咖啡，和三五好友一起享用，美味滿點、歡樂滿溢。

材料 分量：12粒1盤		
（22cm*16cm*3cm）		
高筋白麵粉	300g	100%
酵液	125cc	41.7%
全蛋液	50cc	16.7%
奶油	15g	5.0%
砂糖（白細砂）	5g	1.7%
鹽	3g	1.0%
合計	498g	166%
黑糖肉桂內餡		
黑糖（細粒）	40g	
奶油（室溫軟化）	10g	
肉桂粉	4g	

其他	
奶油	適量
粉糖（表面裝飾）	適量

附帶道具

烤模1個（22cm*16cm*3cm）

製作時間

直接法：約7小時
隔夜冷藏法：約14小時

準備工作

1. 預備好新鮮酵種（優格蜂蜜酵液製作方法請參考P.62）。
2. 秤量材料、揉麵用奶油（夏天可直接用冰奶油，冬天則室溫放軟）。
3. 計算水溫（夏天可用冷水，春秋用常溫水，冬天用溫水）。

製作流程

混合揉麵
10 分鐘

▼

添料二次揉麵
10 分鐘

▼

基礎發酵
4 ～ 5 小時 或
隔夜 12 ～ 14 小時

▼

成形加工
20 分鐘

▼

最後發酵
2.5 小時

▼

入爐烘烤
20 分鐘

1　混合揉麵

加入酵種、酵液、全蛋液、砂糖至麵盆中攪拌，再加入麵粉攪拌，手揉到麵團表面初步成團。

—— **Tips** ——

只使用酵液為單一發酵種時，以常溫新鮮的酵液為原則，冷藏保存數日的酵液必須經過添料餵養再使用。

2　添料二次揉麵

攤開麵團，加入鹽和奶油之後，配合按壓揉合，使麵團充分出筋膜。整圓收口麵團，表面塗薄油，放至麵盆中。

3　基礎發酵

溫暖處靜置發酵至體積膨脹約 1.5 倍大。

—— **Tips** ——

使用酵液為單一發酵種時，發酵溫度非常重要，以 35℃ 左右為原則，使之順利發酵。

4　成形加工

4-1　

將麵團擀成長方形麵皮，表面平均刷上奶油。黑糖和肉桂粉混合後，平均撒在麵皮表面。

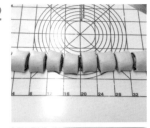

4-2

將麵皮由上到下捲成圓筒狀，滾一滾使之更光滑和厚度更平均。切成等寬的12粒麵團。烤模內側塗上薄油，將整好的麵團排入烤盤中。

5 最後發酵

溫暖處最後發酵，等麵團與麵團之間的隙縫消失即可完成發酵。預熱烤箱230℃。

6 入爐烘烤

200℃烘烤20分鐘。烘烤約過10分鐘後對調烤盤方向，以平均烤色。出爐後表面塗上奶油再撒上粉糖裝飾即可。

蛋奶系

奶油菠蘿麵包

發酵程度　無　低　中　高
操作難度　★★★★☆

發酵種結構　白酸種

酵液
酵種　老麵

菠蘿麵包可說是亞洲人最愛的甜麵包之一。菠蘿麵包有日式、台式、港式三種經典，無論是哪一種都找不到「鳳梨」，因外表狀似菠蘿而得名，但共通點是表面香酥脆口的奶油酥皮，和鬆軟彈口的麵包合而為一，可說是老少咸宜的庶民美味麵包。

材料 分量：6 粒		
高筋白麵粉	250g	100%
酵種	80g	32%
水	160cc	64%
奶油	10g	4%
砂糖（白細砂）	10g	4%
鹽	3g	1.2%
合計	513g	205.2%
奶油酥皮		
有鹽奶油	50g	
極細白砂糖	50g	
全蛋液	40g	
低筋白麵粉	90g	
全脂奶粉	10g	

其他

全蛋液（表面裝飾用）	適量

附帶道具

烤盤、烘焙紙

製作時間

直接法：約 6 小時
隔夜冷藏法：約 12 小時

準備工作

1. 預備好新鮮酵種（白酸種方法請參考 P.71）。
2. 秤量材料、揉麵用奶油（夏天可直接用冰奶油，冬天則室溫放軟）。
3. 計算水溫（夏天可用冷水，春秋用常溫水，冬天用溫水）。

製作流程

混合揉麵
8 分鐘

添料二次揉麵
8 分鐘

基礎發酵
2～3 小時 或
隔夜 8～12 小時

製作酥皮
20 分鐘

分割靜置
10 分鐘

成形加工
20 分鐘

最後發酵
1.5 小時

入爐準備
3 分鐘

入爐烘烤
20 分鐘

1 混合揉麵

▼

2 添料二次揉麵

▼

3 基礎發酵

麵團製作方法與日式鹹奶油餐包做法相同，請參考 P.131。溫暖處靜置發酵至體積膨脹約 2 倍大。

4 製作酥皮

4-1

在發酵即將完成前的 30 分鐘製作奶油菠蘿酥皮。將奶油置於室溫軟化後，與砂糖用攪拌棒（電動或手動）拌勻，再分 3 次加入全蛋液攪拌。

⸱⸱⸱⸱⸱⸱⸱⸱ Tips ⸱⸱⸱⸱⸱⸱⸱⸱

蛋液分次加入攪拌，以免油蛋分離。

4-2

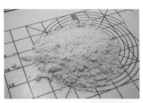

將奶油糊倒向作業台，將麵粉和奶粉混合過篩後加入拌勻，用刮刀拌壓整形成塊狀壓平，用保鮮膜包好放入冰箱冷藏室備用。

⸱⸱⸱⸱⸱⸱⸱⸱ Tips ⸱⸱⸱⸱⸱⸱⸱⸱

加入麵粉時儘量避免過度攪拌，利用刮刀切、拌、壓的方式，將粉類充分混入奶油糊，可避免攪拌出筋性，這樣的酥皮烤出來口感較為酥脆。

5 分割靜置

將步驟 3 完成發酵的麵團排氣分割成 6 粒麵團，滾圓收口後，室溫靜置 10 分鐘。

6 成形加工

6-1

利用靜置時間，將步驟 4 的酥皮從冰箱取出，分成 6 等分，滾圓後，上下各放一張保鮮膜，直接在保鮮膜上擀成比麵團稍微大一點的圓酥皮。

6-2

麵團再度滾圓後收口朝上放置在酥皮中央，倒扣回正面，收好四周酥皮使之黏附在麵團上。用刮刀劃出格子狀刀紋，或不劃紋使之自然龜裂也可以。平排於烤盤。

7 最後發酵

溫暖處發酵至麵團體積增高，酥皮出現龜裂。預熱烤箱 220℃。

8 入爐準備

表面塗上少許的蛋液做為裝飾，也可以省略。

9 入爐烘烤

烤溫 200℃烘烤 10 分鐘，轉 190℃烤 10 分鐘。

-------- Tips --------

若使用活性不佳的酵種製作，或是麵包體發酵不足，導致無法支撐表面酥皮重量時，容易製作出形體扁平、彈性不足、口感不佳的失敗作品（如下圖）。因此製作菠蘿麵包時，使用活性佳的新鮮酵種，確實完成發酵十分重要。

抹茶藍莓貝果
抹茶藍莓花圈麵包

發酵程度　無　低　中　高

操作難度　★★★★☆

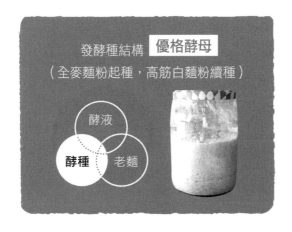

發酵種結構　**優格酵母**
（全麥麵粉起種，高筋白麵粉續種）

酵液　老麵　**酵種**

酸酸甜甜的藍莓果實風味，融合了清新的抹茶香，夢幻紫色中混合淡雅的抹茶綠，讓貝果麵包呈現了紫綠雙色的視覺美感，將同一麵團變化成另一個討喜可愛的花圈造形，一麵團兩造形，讓做麵包和吃麵包都充滿了濃濃的童趣。

材料　分量：貝果 6 粒，花圈麵包 1 顆

藍莓麵團

高筋白麵粉	280g	100%
酵種	120g	42.9%
藍莓果汁（含果實）	150cc	53.6%
奶油	20g	7.1%
砂糖（白細砂）	30g	10.7%
鹽	4g	1.4%
合計	604g	215.7%

抹茶麵團

高筋白麵粉	190g	100%
酵種	80g	42.1%
抹茶粉	4g	2.1%
水	100cc	52.6%
奶油	10g	5.3%
砂糖	20g	10.5%
鹽	3g	1.6%
合計	407g	214.2%

其他

砂糖（燙貝果用）	2 大匙
粉糖（裝飾用）	適量

蛋奶系

附帶道具

6 張小型烘焙紙、直徑 18cm 圓烤模

製作時間

直接法：約 6 小時
隔夜冷藏法：約 12 小時

準備工作

1. 預備好新鮮酵種（優格酵種製作方法請參考 P.62）。
2. 秤量材料、揉麵用奶油（夏天可直接用冰奶油，冬天則室溫放軟）。
3. 計算水溫（夏天可用冷水，春秋用常溫水，冬天用溫水）。

製作流程

製作果汁
15 分鐘

▼

製作麵團
30 分鐘

▼

基礎發酵
2 ～ 3 小時 或
隔夜 8 ～ 12 小時

▼

分割滾圓
10 分鐘

▼

中間靜置
15 分鐘

▼

成形加工
20 分鐘

▼

最後發酵
80 分鐘

▼

爐前準備
3 分鐘

▼

入爐烘烤
20 分鐘

1 製作麵團

1-1

製作藍莓汁： 將 300 公克冷凍新鮮藍莓放入鍋中，加熱煮至軟熟，其中取 180cc 量放涼備用。

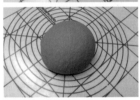

1-2

藍莓麵團： 麵盆中放入酵種、藍莓汁、砂糖混合後再加入麵粉攪拌，手揉成團。

抹茶麵團： 麵盆中放入酵種、水、砂糖。麵粉和抹茶粉混合加入攪拌，手揉成團。麵團攤開加入鹽和奶油，配合揉合按壓，使麵團充分出筋膜，整圓收口，表面塗油分別放入塑膠袋或麵盆中。

2 基礎發酵

麵團室溫靜置約 1 小時後再次排氣滾圓收口，重新放回塑膠袋（麵盆）中，再放入冰箱蔬菜室。或是放在溫暖處靜置發酵至體積膨脹約 2 倍大。

3 分割滾圓

作業台上排氣後，分割、排氣、滾圓。
貝果麵包：抹茶麵團 6 粒，每粒約 40 公克。藍莓麵團 6 粒，每粒 40 公克的小麵團。
花圈麵包：抹茶麵團 6 粒，每粒 25 公克。藍莓麵團 6 粒，每粒 60 公克。
各靜置 15 分鐘。

4 成形加工

4-1

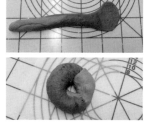

貝果麵包成形：將抹茶和藍莓麵團各擀成麵皮後重疊捲成細長狀，一頭壓成平頭面，將尾端放入折起來，收口在內側，捏緊收口。

4-2

花圈麵包成形：抹茶麵團擀成扇形餅皮，表面塗上薄油。藍莓麵團滾圓後，收口朝上放在扇形餅皮的尖窄部，整個翻過來，寬部在上，用劃紋刀劃出葉紋。將 6 粒整形好的麵團排放在塗上薄油的烤模中。

5 最後發酵

溫暖處發酵約 1.5 小時，預熱烤箱 200℃。

6 爐前準備

利用烤箱預熱時準備 1 鍋滾水，加入 2 大匙砂糖攪拌，轉小火。發酵好的貝果麵團連同烘焙紙放入糖水中燙煮，烘焙紙取掉，單面汆燙 30 秒，兩面合計 1 分鐘，撈起甩掉水滴，收口朝下排放在烤盤上。兩種麵包一起送入烤箱。

7 入爐烘烤

烤溫190℃，烘烤 20 分鐘。途中對調烤盤方向以平均烤色。出爐後花圈麵包表面撒上粉糖裝飾。

161

蛋奶系
香濃蛋奶吐司兩款

發酵程度	無 低 中 高
操作難度	★ ★ ★ ★ ★

發酵種結構　葡萄乾酵母　葡萄果酵液
（高筋白麵粉起種）

酵液

酵種　老麵

想以百分之百野生酵母製作出鬆軟輕柔又有彈性的吐司麵包可謂是困難度極高的挑戰。活力充沛的酵種和新鮮的酵液雙效合一,再添加提升膨脹彈性的雞蛋和奶油,確實揉麵、成形、發酵,各點到位才能做出輕輕柔柔、軟軟綿綿又濃純香的野酵吐司。

材料 分量：2 條（日式 1.5 斤吐司模）		
高筋麵粉	680g	100%
酵種	340g	50.0%
蛋酵液（雞蛋 2 顆 + 酵液）	420cc	61.8%
奶油	30g	4.4%
全脂奶粉	10g	1.5%
砂糖	30g	4.4%
鹽	8g	1.2%
合計	1518g	223.2%
其他		
全蛋液（裝飾用）		適量
奶油（裝飾用）		適量

附帶道具

烤盤、吐司模 2 個（日式 1.5 斤吐司模）

製作時間

直接法：約 10 小時
隔夜冷藏法：約 14 小時

準備工作

1. 預備好新鮮酵種和足夠的酵液量（葡萄乾酵種製作方法請參考 P.42）。
2. 秤量材料、揉麵用奶油和雞蛋（夏天可直接用冷藏過的,冬天則使用常溫的）。
3. 計算水溫（夏天可用冷水,春秋用常溫水,冬天用溫水）。

製作流程

混合揉麵
15 分鐘

靜置水合
40 分鐘

添料二次揉麵
15 分鐘

基礎發酵
4～5 小時 或
隔夜 8～12 小時

分割靜置
20 分鐘

成形加工
30 分鐘

最後發酵
3 小時

表面裝飾
3 分鐘

入爐烘烤
35 分鐘

1　混合揉麵

加入酵種、蛋酵液、砂糖至麵盆中攪拌。再將麵粉分次加入麵盆中攪拌，手揉到麵團表面初步成團。

—————— Tips ——————

用酵液取代配方水以增加酵力。

2　靜置水合

將麵團放入麵盆中，麵團上放置刮刀、鹽和奶油，蓋上溼布，進行 40 分鐘靜置水合（炎夏可置冰箱水合）。

—————— Tips ——————

此款吐司麵粉量多、含水量大，正式手揉前進行水合，幫助初步形成筋性，有利手揉操作。麵團上放置鹽和奶油，主要是避免事後忘記加入材料。

3　添料二次揉麵

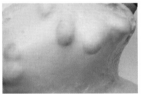

攤開麵團，加入鹽和奶油，配合按壓揉合，使麵團充分出筋膜。將 2 顆麵團合一，整圓收口，麵團表面塗薄油，放至麵盆中。

—————— Tips ——————

因此麵團分量大，可分成 2 顆麵團分別手揉，最後再合而為一，除了讓材料更充分揉進麵團，也可降低手揉難度。

4 基礎發酵

4-1

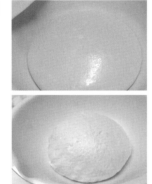

溫暖處靜置發酵至體積膨脹約 1.7 倍大（約 2～3 小時），進行排氣翻麵，收口朝下放回麵盆。

.... Tips ....

大型麵團在發酵過程中容易產生內外上下因溫度差而有發酵不均現象。排氣翻麵讓麵團受到外力刺激，排去多餘空氣，吸收新鮮空氣，強化麵團促進發酵。

4-2

再持續發酵至 2 倍大。

5 分割靜置

將麵團倒至作業台上排氣，分割成 6 粒等重的麵團。用手掌按壓排氣並捲成長條形（此為第一次擀捲），靜置 10 分鐘。吐司模塗上薄奶油備用。

6 成形加工

6-1

進行第二次擀捲。將第一粒完成排氣的麵團，收口朝上，用擀麵棒從中央壓下，往上往下擀開所有氣泡，正反面都擀平整成長條狀後輕輕

捲起，收口朝下排好，按順序完成全部麵團的第二次擀捲。

.... Tips ....

分次擀捲的目的在於排除多餘氣泡，使組織細緻柔軟有彈性。手勁力道保持一致，輕巧快速，擀捲時要適當撒上手粉，以免沾黏。按順序先擀捲第一粒完成靜置的麵團，讓麵團有時間充分放鬆筋膜，以利伸展，不致於因擀捲而受傷，輪一圈後剛好約 15 分鐘的靜置。

6-2

進行最後擀捲，將烤模放置上方做為參照寬度，擀成和吐司模相同寬

度，長度約 30 公分的長條狀麵皮，由上往下輕輕捲起，收口收好朝下，放入烤模。

| 7 | 最後發酵 |

利用烤箱空間中放置熱水製造出溫溼環境，發酵程度以模高為判斷標準（麵團的山峰頂尖達模高程度），帶蓋吐司發至九分滿，山型吐司發至九分滿或滿模，發酵時間約在 3 小時左右。預熱烤箱 230℃。

---------- **Tips** ----------

百分之百野生酵母製作吐司，膨脹力道、烘焙彈性不如商業酵母，所以帶蓋吐司發至九分滿較為保險，使出爐達成合模狀態。

| 8 | 表面裝飾 |

帶蓋吐司在九分滿時蓋上吐司蓋。山型吐司表面輕塗薄蛋液，用剪刀在中央剪出縫隙，放入奶油後（可省略此裝飾），一起送入烤箱。

---------- **Tips** ----------

蛋液勿塗過量，以免烤出厚皮。

| 9 | 入爐烘烤 |

200℃ 烤 15 分鐘，轉對調烤盤方向以平均烤色，轉 190℃ 烤 15 分鐘，燜 5 分鐘，出爐後馬上震數下脫模放涼。

---------- **Tips** ----------

烘烤中途注意山型吐司頂部上色情形，可適時加上鋁箔紙以防頂部過度上色。

✤ 手揉製作百分之百野生酵母吐司麵包的注意重點

　　吐司製作和其他麵包最大的不同在於發酵程度受制於烤模。配方分量過少，會使發酵時間因配合烤模高度而拉長，因而導致過度發酵的情形，相反的，分量過多則會讓麵團提早滿模，因而產生發酵不足或是出角出模的情況，所以麵團分量過多過少都會影響成品的口感和外觀。

　　根據經驗，不加商業酵母，只使用百分之百野生酵母做為酵種，製作吐司難度高且變數大，因野生酵母酵力不穩定且不容易掌控，經常因後發時間過長，而使成品山峰不明顯，膨脹力道低，烘焙彈性不理想，或是組織粗糙過老，或是發酵不足而使組織扁平黏口，所以使用新鮮活力佳的酵種和麵團確實地揉出薄膜，以及麵團發酵環境的溫度管理顯得極為重要。

　　要製作出口感鬆軟 Q 彈的吐司，麵團必須充分揉出筋膜。但是全靠雙手揉出透亮的薄膜，操作難度高，所以在正式揉麵前先進行水合靜置，讓麵團初步形成筋膜，後半部再加入鹽、奶油等副材料確實揉壓。麵團可分成兩塊，揉一塊，靜置另一塊，這樣可讓麵團利用靜置時間放鬆，水分和材料更容易被麵團吸收，揉畢的麵團薄膜緊實，表面也光滑有張力。成形時的三次擀捲確實操作，則製作出來的吐司山峰才會圓渾光滑，組織也會相對細緻鬆軟。

　　發酵環境關乎吐司成品的口感，發酵到位非常重要，尤其是在最後發酵階段，發酵過程中溫度保持在 35 ～ 40℃之間，維持順利發酵，避免因發酵時間過長而影響成品品質。

　　利用百分之百野生酵母製作吐司發酵時間長，為了不使成品過發而組織粗糙，在分量上可以做以下調整：

第一：增加麵粉量，一般比商酵製作時多出 5% 調整。

第二：增加酵種量，比例約在 50% 上下。

第三：利用酵液取代配方水量，以加強酵力。

第四：增加砂糖量，幫助發酵作用。

第五：加入雞蛋、奶油、砂糖，幫助膨脹。

因此，在製作之前預備好新鮮酵種、考量烤模和材料所需分量、測量材料溫度，製作過程中確實揉出筋膜、成形擀捲及發酵到位，這樣才能成功做出口感及味道百分之百的野生酵母吐司。

蛋奶系

椰香雙色夾心吐司

發酵程度　無　低　中　高

操作難度　★★★★☆

發酵種結構　蘋果酵母　蘋果酵液

（高筋白麵粉起種）

酵液

酵種　老麵

　　麵團中加入紅蘿蔔泥，帶著天然的橘黃色，夾心餡裡的紫薯泥中加入可口的椰子粉，多層次的滋味融合為一，散發著芬芳濃香的南洋風情。利用不同的成形技巧，讓吐司切開時，漩渦狀和大理石狀的夾心讓人驚豔，是款討喜又可口的甜點吐司。

材料　分量：2 條		
（日式 1.5 斤吐司模）		
高筋麵粉	600g	100%
酵種	260g	43.3%
酵液	250cc	41.7%
紅蘿蔔泥	150g	25%
全蛋液	50cc	8.3%
砂糖（白細砂）	10g	1.7%
奶油	15g	2.5%
鹽	5g	0.8%
合計	1340g	223.3%

椰香紫薯夾心餡	
紫薯泥（蒸熟原味）	150g
粉糖	50g
椰子粉	30g
奶粉	20g
太白粉	10g
其他	
全蛋液（裝飾用）	適量
奶油（裝飾用）	適量

附帶道具

烤盤、吐司模 2 個
（日式 1.5 斤吐司模）

製作時間

直接法：約 10 小時
隔夜冷藏法：約 14 小時

準備工作

1. 預備好新鮮酵種和酵液
   （蘋果酵種製作方法
   請參考 P.56）。
2. 事先製作好椰香紫薯夾
   心館、紅蘿蔔泥。
3. 秤量材料、揉麵用奶油
   （夏天可直接用冰奶
   油，冬天則室溫放軟）。
3. 計算水溫（夏天可直接
   使用冰涼狀態的酵液
   和蛋液，冬天建議常
   溫狀態）。

製作流程

製作館泥
30 分鐘

↓

混合揉麵
10 分鐘

↓

靜置水合
40 分鐘

↓

添料二次揉麵
15 分鐘

↓

基礎發酵
4 ～ 5 小時 或
隔夜 8 ～ 12 小時

↓

分割滾圓
10 分鐘

↓

中間靜置
15 分鐘

↓

成形加工
20 分鐘

↓

最後發酵
2.5 小時

↓

表面裝飾
1 分鐘

↓

入爐烘烤
35 分鐘

---

1 製作館泥

製作椰香紫薯夾心館：
將去皮的紫薯蒸熟後搗
成泥，放入粉糖、奶粉、
椰子粉，最後放入太白
粉，全部攪拌均勻成團，
再分成 2 團。準備 1 張
保鮮膜，將館團放在保
鮮膜上，再蓋上另一張
保鮮膜，用擀麵棒將館
團擀成長方形館皮（以
吐司模長度為準）。分
別做成 2 張館皮，放
入冰箱冷藏保鮮備用。
當麵包完成基礎發酵前
半小時取出回溫。詳細
的紫薯泥的做法請參考
P.144。

製作麵團用紅蘿蔔汁：
將 1 條紅蘿蔔切塊蒸熟
後，不加水放入調理機
或果汁機中打成泥，取
出 150 公克為配方用。

2 混合揉麵

加入酵種、紅蘿蔔泥、酵液、全蛋液、砂糖至麵盆中攪拌。分次將麵粉加入麵盆中攪拌，手揉到麵團表面初步成團。

-------- Tips --------

每人做出來的紅蘿蔔泥稠稀度也許不同，請視情況調整配方水。此款麵包分量用日式 1 斤模製作也可以。

3 靜置水合

▼

4 添料二次揉麵

與香濃蛋奶吐司做法相同，請參考 P.164。

5 基礎發酵

放置溫暖處靜置發酵至體積膨脹約 1.7 倍大，進行排氣翻麵，收口朝下放回麵盆。再持續發酵至 2 倍大，以完成基礎發酵。

6 分割滾圓

▼

7 中間靜置

將麵團倒至作業台上排氣，分割成 2 粒等重的麵團，用擀麵棒擀平麵團排氣並擀捲成長條形，蓋上溼布，靜置 15 分鐘。吐司模塗上薄奶油備用。

8 成形加工

8-1

漩渦狀：先取一粒麵團，擀成和吐司模長度一樣的麵皮，將椰香紫薯泥餡皮蓋在麵皮一側，再從有餡皮的一側開始捲起成圓筒狀，收口捏緊朝下放入吐司模中。

8-2

大理石狀：另一個麵團擀成長方形麵皮，將椰香紫薯泥餡皮蓋在麵皮的一側，從無餡的一側對折，

再擀平和吐司模一樣長度的麵皮，用刀切成 3 條麵團，每條麵團分別捲一捲後，將 3 條麵團編在一起，放入吐司模中。

9　最後發酵

（預熱烤箱 230℃）
利用烤箱空間中放置熱水製造出溫溼環境，發酵程度以麵團膨脹至烤模八分高為準（日式 1.5 斤模）或九分高（日式 1 斤模），發酵時間約在 2.5 小時左右。

10　表面裝飾

麵團表面輕塗上薄蛋液，送入烤箱。

·········· Tips ··········
蛋液勿塗過量，以免烤出厚皮。

11　入爐烘烤

烤溫 200℃，烘烤約 15 分鐘後，對調烤盤方向，以平均烤色。再持續烤 15 分鐘，燜 5 分鐘，出爐後表面塗上奶油增亮即可。

·········· Tips ··········

吐司切片。因吐司頂部組織較底部柔軟，在吐司切片時，從側面入刀，可以避免吐司變形，也較為容易切出工整斷面。

蛋奶系
法式可頌麵包

發酵程度　無　低　**中**　高
操作難度　★　★　★　★　★

發酵種結構　**葡萄乾酵母**
（高筋白麵粉起種）

酵液
酵種　老麵

　　如千層派般的酥脆口感，一咬就化開的奶油香氣，在出爐時就迷倒眾生。融合了發酵麵團和奶油酥皮雙重口感，將兩者風味層層交織合而為一，是法國麵包中的經典。利用野生酵母製作可頌麵包，歷經漫長的發酵時間，複雜的成形過程，加上難以掌控的酵力，製作困難度高，但只要善用冰箱，掌握流程，注意細節，在家中也可輕鬆地製作出百分之百野酵可頌麵包。

材料　分量：6粒		
法國麵包專用粉（Lysdor）	200g	100%
酵種	80g	40.0%
水	100cc	50.0%
奶油	15g	7.5%
全脂奶粉	10g	5.0%
砂糖（白細砂）	15g	7.5%
鹽	3g	1.5%
合計	**423g**	**211.5%**
其他		
奶油（酥油層用）		120g
手粉（防粘黏）		適量

附帶道具

烤盤、烘焙紙、保鮮膜

製作時間

隔夜冷藏法：約 18 ～ 24 小時

準備工作

1. 預備好新鮮酵種（葡萄乾酵種方法請參考 P.42）。
2. 事先將所需冷藏的材料放入冰箱存放（夏天可將所有材料都事先放入冰箱冷藏）。

製作流程

製作酥皮
15 分鐘

▼

混合揉麵
8 分鐘

▼

添料二次揉麵
10 分鐘

▼

室溫靜置
1 小時

▼

基礎發酵
隔夜 12 ～ 18 小時

▼

麵團擀壓
20 分鐘

▼

合併酥皮和麵團
5 分鐘

▼

三次擀折
1.5 小時

▼

最後成形
30 分鐘

▼

最後發酵
2 小時

▼

爐前準備
3 分鐘

▼

入爐烘烤
18 分鐘

1　製作酥皮

將冰奶油橫切對半，放入厚塑膠袋中。用擀麵棒敲打平整，然後擀開成長約 15 公分，寬約 15 公分的奶油皮，馬上放入冷藏備用。

------------ **Tips** ------------

要成功做出千層般的酥皮口感，必需使用冰奶油。前天晚上製作好酥皮用奶油放入冰箱冷藏存放，存放時要放在平盤或塑膠板上，可使操作更為簡單流暢。奶油用量一般佔麵粉量的五成左右，但因為考慮野生酵母的分量，所以將酵母的半量加上麵粉量作為分母，結果奶油用量約是其五成左右。

(200＋40)×50%＝120

2　混合揉麵

加入酵種、水、砂糖至麵盆中，輕微攪拌，再加入麵粉混合，開始手揉到麵團表面初步光滑。

------------ **Tips** ------------

法國麵包專用粉可用高筋：低筋等於 8：2 代替。為了配合奶油酥皮層的硬度，可頌麵包麵團的配方水量注意不可超過50%，避免過軟，考量加入酵種的變數，所以建議配方水保留 10 ～20cc，酌量調整。

3　添料二次揉麵

攤開麵團撒上鹽、加入奶油。配合按壓揉合，揉至三光即可。麵團表面塗上薄油，放入塑膠袋（袋內塗上薄油）中，封好袋口。

------------ **Tips** ------------

注意麵團揉畢溫度不可過高，介在 20 ～ 23℃ 左右。所以必須掌握製作環境和材料溫度，材料可事先放入冰箱，利用秋冬或是涼爽的夜間、冷氣房製作較為適當。麵團不需揉出薄膜，筋性過強容易導致擀壓不易，影響成形。

4 基礎發酵

室溫放置約 1 小時後取出重新排氣滾圓,再放入冰箱冷藏室發酵至體積膨脹約 1.7～2 倍大（約 12～18 小時）。

Tips

使用冷藏發酵,可使麵團溫度保持低溫,以配合冰酥皮層的溫度,避免溫度高使奶油融化。所以在前日晚上製作好主麵團,和酥皮層一起放冰箱冷藏。

5 麵團擀壓

5-1

將完成發酵的麵團放置在作業台上,簡單折疊成正方形,再用擀麵棒一邊排氣一邊擀成長方形麵皮,靜置 10 分鐘（夏天可放入冰箱冷藏靜置）。

5-2

靜置後麵團對折成正方形,再擀成正方形（約 25cm x 25cm）平整麵皮,蓋上保鮮膜,放入冷藏室靜置。

Tips

可直接在大張的烘焙紙上操作,平舖在烤盤上,再套上保鮮膜,即可整個放入冷藏室靜置。

6 合併酥皮和麵團

將步驟 1 的奶油皮和步驟 5 的麵團一起從冰箱取出,將奶油放入在麵皮的正中央。用麵皮把奶油皮包起來。收口收緊。

7 三次擀折

7-1

先用擀麵棒按壓或敲打表面數次,從中間向上下擀壓左右推開。

Tips

適時地撒手粉於麵團上,用刷毛刷除多餘手粉,不可過度施力以免弄傷麵皮。

7-2

遇到氣泡累積處,可用竹籤刺破小洞,以順利排氣。

7-3

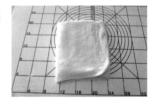

擀成約 40 公分長的長方形平整麵皮。

7-4

將麵皮上下對折,成正方形。

7-5

用保鮮膜包好，放入冰箱冷凍庫 10 分鐘，再放至冷藏室 10 分鐘。

7-6 步驟 7-3 到 7-5 動作重覆 2 次，完成共 3 次。

---------------- **Tips** ----------------

注意每次開始擀折時，折口處保持在左側或是右側，再開始擀折，重點在於讓酥皮藉由不同角度的擀折充分平均分布在麵團中。

8　最後成形

8-1

從冰箱取出完成擀折的麵團，再擀成長約 36 公分，寬約 24 公分的長方形麵皮。將四周不平整的麵皮切除，分切成 6 個直角三角形。

---------------- **Tips** ----------------

隨時補充手粉，刷去多餘手粉。而且如果中途覺得奶油有軟化跡象，必須再放入冷凍室5分鐘再拿出來。

8-2

將每條麵團輕輕拉長後，再從上向下輕輕捲下。尖角朝下排列在烤盤上。進行最後發酵。切除的邊角合整為 2 個小麵團，一起發酵。

---------------- **Tips** ----------------

捲時勿過度施力，以免影響成品彈性及膨脹程度。

9　最後發酵

用塑膠袋套封好，直接放室溫發酵（勿超過30℃）至麵團膨脹約 1.7 倍大，預熱烤箱 300℃。

10　爐前準備

入爐前 30 分鐘表面塗上少許的蛋液。入爐前再次補塗蛋液。

---------------- **Tips** ----------------

蛋液過篩，使用細毛刷，抓拿刷毛頭端，可調整力道，來回輕刷表面，

勿刷在側面的酥皮層上，以免影響膨脹。

11　入爐烘烤

250℃烤 10 分鐘，調換烤盤方向，轉 210℃烤 8 分鐘，總共 10 分鐘。

簡約系

蕎麥漢堡餐包
熱狗餐包

	無	低	中	高
發酵程度				
操作難度	★	★	★	☆ ☆

發酵種結構 **裸麥麵包屑酵種**
（高筋白麵粉續種）

酵液
酵種 老麵

將焙煎蕎麥茶中泡熟軟的蕎麥加入麵團中，增加麵包的膳食纖維和營養素。淡淡的焙煎麥香和穀物的口感，組成獨特的滋味，讓平凡的配角餐包變身成養生美味的主角麵包。做成兩款大眾化的餐包造型，漢堡餐包和熱狗餐包，一麵團兩吃法。

材料 分量：10 粒
（漢堡餐包 6 粒，熱狗餐包 4 粒）

高筋白麵粉	400g	100%
酵種	200g	50.0%
水	200cc	50.0%
蕎麥粒（焙煎蕎麥茶）	60cc	15.0%
砂糖（白細砂）	15g	3.8%
奶油	15g	3.8%
鹽	4g	1.0%
合計	**894g**	**223.5%**
其他		
白芝麻粒（裝飾用）		適量
奶油（裝飾用）		適量

附帶道具

烤盤、烘焙紙、圓烤模

製作時間

直接法：約 5 小時
隔夜冷藏法：約 11 小時

準備工作

1. 預備好新鮮酵種（裸麥麵包屑酵種方法請參考 P.88）。焙煎蕎麥泡軟濾水備用。
2. 秤量材料、揉麵用奶油（夏天可直接用冰奶油，冬天則室溫放軟）。
3. 計算水溫（夏天可用冷水，春秋用常溫水，冬天用溫水）。

179

製作流程

混合揉麵
8 分鐘

▼

添料二次揉麵
8 分鐘

▼

基礎發酵
2～3 小時 或
隔夜 8～12 小時

▼

分割滾圓
10 分鐘

▼

中間靜置
15 分鐘

▼

成形加工
20 分鐘

▼

最後發酵
70 分鐘

▼

表面裝飾
3 分鐘

▼

入爐烘烤
20 分鐘

1 混合揉麵

加入酵種、水、砂糖至麵盆中攪拌。分次加入麵粉。再加入泡軟濾水過的蕎麥粒攪拌至成團。揉到麵團表面初步光滑，靜置 10 分鐘。

2 添料二次揉麵

攤開麵團，撒上鹽，再將軟化的奶油用手指戳進麵團中。配合按壓揉合，至麵團出筋膜。整圓收口，表面塗薄油，放至麵盆中。

3 基礎發酵

溫暖處靜置發酵至體積膨脹約 2 倍大（約 2～3 小時）。

4 分割滾圓

排氣後分割成 6 粒每粒約 80 公克的小麵團（漢堡餐包）和 4 粒每粒約 100 公克的大麵團（熱狗餐包），蓋上溼布，靜置 15 分鐘。

5 成形加工

5-1

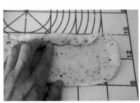

成形熱狗餐包。擀開麵團成略呈長橢圓狀麵皮，將上端向下捲收口，滾成光滑的細條狀，

面用利刀劃出深約 0.5 公釐 (mm) 的橫刀紋，排在烤盤上，為熱狗餐包型。

5-2

成形漢堡餐包。用手掌稍微壓平麵團排氣後，將四周向中心折壓收口，滾圓成圓球狀。若使用烤模，烤模內側塗上薄奶油以防沾黏，無烤模則直接收口朝下並排在烤盤上，此為漢堡餐包。

6　最後發酵

利用烤箱空間中放置熱水製造出溫溼環境，發酵 1 小時，預熱烤箱 200℃，預熱時取出室溫持續發酵約 10 分鐘，共計約 1 小時 10 分鐘。

7　表面裝飾

烤箱預熱完成後，在麵團表面上噴水，漢堡餐包撒上白芝麻粒，送入烤箱。

8　入爐烘烤

烤溫 190℃，烘烤 20 分鐘。烘烤約過 10 分鐘後對調烤盤方向，以平均烤色。出爐後表面刷上奶油增添光澤。

德式椒鹽貝果

發酵程度　無 低 中 高

操作難度　★ ★ ★ ☆ ☆

發酵種結構　**酸種冰塊**
（全麥麵粉和高筋白麵粉混合起種）

酵液

酵種　老麵

這款表面閃著黑黝黝古銅色光澤的餐包風行於歐洲德語區，它有各式各樣的造形，蝴蝶結、圓球形、橄欖形、短棍形，表面由小蘇打鹽水燙煮過，口感紮實有咬勁，類似貝果。微微的鹹香更增添風味，是款道地美味的德系麵包。

材料 分量：6 粒		
高筋白麵粉	300g	100%
酵種	120g	40%
水	150cc	50%
葵花籽油	10g	3.3%
砂糖（白細砂）	5g	1.7%
鹽	4g	1.3%
合計	589g	196.3%
燙麵用溶液		
食用小蘇打粉（燙麵用）	35g	
鹽	10g	
水	1000cc	
其他		
岩鹽	適量	

附帶道具

烤盤、小張烘焙紙 6 張

製作時間

直接法：約 5 小時
隔夜冷藏法：約 12 小時

準備工作

1. 預備好新鮮酵種（酸種冰塊製作方法請參考 P.85）。
2. 計算水溫（夏天可用冷水，春秋用常溫水，冬天用溫水）。

製作流程
混合揉麵 10 分鐘
靜置 20 分鐘
二次揉麵 5 分鐘
基礎發酵 2～3 小時 或 隔夜 8～12 小時
分割滾圓 10 分鐘
中間靜置 15 分鐘
成形加工 15 分鐘
最後發酵 70 分鐘
汆燙麵團 10 分鐘
表面裝飾 1 分鐘
入爐烘烤 20 分鐘

1　混合揉麵

加入酵種、水、砂糖至麵盆中攪拌。分次將麵粉加入麵盆中攪拌，待麵團表面初步成團。把麵團攤開成一正方形，撒上鹽和油之後，配合按壓和 V 型左右揉合至麵團三光即可。整圓收口麵團，表面塗薄油。

2　靜置

靜置 20 分鐘。

⋯⋯⋯⋯ Tips ⋯⋯⋯⋯
此款麵團屬於貝果型低水量麵團，麵團偏硬，利用靜置可使麵團放鬆筋性，有利手揉。

3　二次揉麵

再次揉麵，配合按壓和 V 型左右揉合，使麵團表面呈光滑有彈性。

4　基礎發酵

溫暖處靜置發酵至體積膨脹約 1.5 倍大。

⋯⋯⋯⋯ Tips ⋯⋯⋯⋯
縮短發酵時間使麵團組織較紮實，成品如貝果般紮實有咬勁。

5　分割滾圓

將麵團倒至作業台上，分割成 6 粒等重的小麵團，每粒滾圓後蓋上溼布，靜置 15 分鐘。

6　成形加工

6-1

6-2

將麵團收口朝上，壓成麵皮，整成圓形，收口朝下放在烘焙紙上。

將麵團收口朝上，壓成麵皮，整成橄欖形，收口朝下放在烘焙紙上。

7　最後發酵

（預熱烤箱230℃）

利用烤箱空間中放置熱水製造出溫溼環境，發酵 1 小時，預熱烤箱時取出室

溫持續發酵約 10 分鐘，共計約 1 小時 10 分鐘。

.... **Tips** ....

縮短後發時間，讓麵包成品口感紮實有咬勁。若後發長，則口感較為鬆軟，但注意若發酵過度會使麵團在汆燙過程中消風。

8　汆燙麵團

平底深鍋放入約1000cc水煮至沸騰後，加入鹽攪拌，關火。加入食用小蘇打粉攪拌，開火轉至中小火（以不滾起為狀態）。將發酵好的麵團連同烘焙紙一起放入鍋中燙煮。烘焙紙輕輕用手拉取掉，單面汆燙 30 秒，再利用有濾網的杓子翻面，兩面合計 1 分鐘。

.... **Tips** ....

必須先關火後再放入小蘇打粉。小蘇打粉量愈多，麵團表皮上色就愈深，若想烤出暗褐色，1000cc的水量可放至 4 大匙。

9　表面裝飾

用刀劃紋，圓形麵團割十字，橄欖形麵團割斜線。

10　入爐烘烤

烤溫 200℃，烘烤約過 10 分鐘後對調烤盤方向，190℃續烤10分鐘，出爐後放涼。

簡約系

奧地利小餐包

發酵程度　無　低　中　高
操作難度　★　★　★　☆　☆

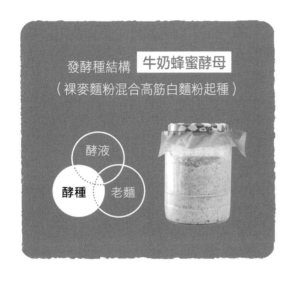

發酵種結構　**牛奶蜂蜜酵母**
（裸麥麵粉混合高筋白麵粉起種）

酵液

酵種　老麵

奧地利小餐包 Kaiseremmel，是歐洲地區最常見的餐包款式之一，尤其深受奧地利人喜愛。以打結成五星形的模樣聞名世界，材料簡單，風味樸實，單純品嚐或是夾入各種食材做成三明治，百樣吃法，一樣美味。

材料 分量：6 粒		
高筋白麵粉	260g	100%
酵種	100g	38.5%
水	130cc	50.0%
奶油	10g	3.8%
砂糖（白細砂）	10g	3.8%
鹽	3g	1.2%
合計	513g	197.3%
其他		
奇亞籽、罌粟籽		適量

附帶道具

烤盤、烘焙紙

製作時間

直接法：約 5 小時
隔夜冷藏法：約 11 小時

準備工作

1. 預備好新鮮酵種（牛奶蜂蜜酵種製作方法請參考 P.79）。
2. 秤量材料、揉麵用奶油（夏天可直接用冰奶油，冬天則室溫放軟）。
3. 計算水溫（夏天可用冷水，春秋用常溫水，冬天用溫水）。

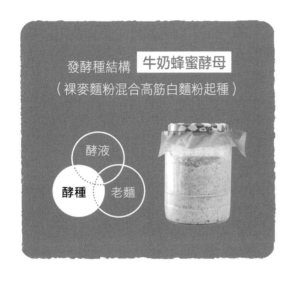

製作流程

混合揉麵
10 分鐘

▼

靜置
20 分鐘

▼

二次揉麵
5 分鐘

▼

基礎發酵
2 ～ 3 小時 或
隔夜 8 ～ 12 小時

▼

分割滾圓
10 分鐘

▼

中間靜置
15 分鐘

▼

成形加工
15 分鐘

▼

最後發酵
70 分鐘

▼

入爐烘烤
20 分鐘

1　製作麵團

麵團做法同德國椒鹽貝果（請參考 P.184）。

2　基礎發酵

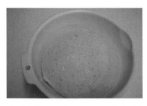

直接放置室內溫暖處靜置發酵至體積膨脹約 2 倍大，或是利用冰箱冷藏發酵至體積膨脹約 2 倍大即可。

3　分割滾圓

將麵團分割成 6 粒等重的小麵團，每粒滾圓後蓋上溼布，靜置 15 分鐘。

4　成形加工

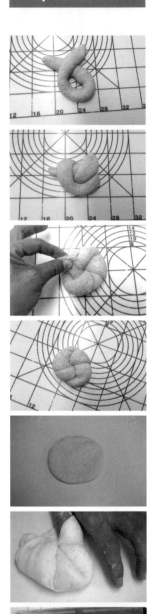

準備溼毛巾一條，盤子上放好罌粟籽備用。

成形法 1：將麵團滾成長條形，打結後將兩端相黏合，收至底部，收口朝下。

成形法 2：將麵團壓成圓麵皮狀，左手大姆指按壓在麵皮左下方，右手從上往下將麵皮蓋在姆指上，順時針重覆繞圈，一直到最後把多餘麵團收入麵皮中即可。每粒麵團成形完之後，表面輕沾溼毛巾，再沾滿罌粟籽，收口朝下排在烤盤上。

-------- Tips --------

烘烤之後第一種方法的紋路比第二種方法明顯，口感也較為紮實。罌粟籽也可以用芝麻或奇亞籽等代替。

5 最後發酵

利用烤箱空間中放置熱水製造出溫溼環境，發酵 1 小時，預熱烤箱 230℃，預熱時取出室溫持續發酵約 10 分鐘，共計約 1 小時 10 分鐘。

-------- Tips --------

注意後發時間，後發時間長則紋路形體不明顯，但口感較鬆軟。若後發時間短，裂口明顯，密實較有咬勁。

6 入爐烘烤

麵團表面噴水後送入烤箱。烤溫 200℃，烘烤約過 12 分鐘後對調烤盤方向，轉 190℃ 續烤 8 分鐘，出爐後脫模放涼。

簡約系

土耳其麻花麵包

發酵程度 無 低 中 高

操作難度 ★ ★ ★ ☆ ☆

發酵種結構 裸麥酸種

酵液

酵種　老麵

土耳其的市街上常可見到麵包推車裡放滿一圈圈蘇花麵包，名叫 Simit。麵包車飄來陣陣的芝麻香，是土耳其人日常生活最愛的麵包款式之一。含水量低、鹹度明顯，因為材料簡單、口感紮實，在溼度低的環境下可以保存很久，自古以來就是中亞民族隨身的麵食。此款麵包利用裸麥酸種製作，更散發樸實的麵香。

材料　分量：6 粒		
高筋白麵粉	300g	100%
酵種	100g	33.3%
水	150cc	50.0%
葵花籽油	10g	3.3%
砂糖（白細砂）	10g	3.3%
鹽	5g	1.7%
合計	575g	191.7%
其他		
白芝麻粒		適量

附帶道具

烤盤、烘焙紙

製作時間

直接法：約 5 小時

準備工作

1. 預備好新鮮酵種（裸麥酸種製作方法請參考 P.71）。
2. 計算水溫（夏天可用冷水，春秋用常溫水，冬天用溫水）。

混合揉麵
10 分鐘

靜置
20 分鐘

二次揉麵
5 分鐘

基礎發酵
1.5 小時

分割滾圓
10 分鐘

中間靜置
15 分鐘

成形加工
20 分鐘

最後發酵
70 分鐘

入爐烘烤
20 分鐘

1 製作麵團

麵團做法同德國椒鹽貝果（請參考 P.184）。

2 基礎發酵

溫暖處靜置發酵至體積膨脹約 1.5 倍大。

3 分割滾圓

將麵團分割成 12 粒等重的小麵團，每粒滾圓後蓋上溼布，靜置 15 分鐘。

4 成形加工

4-1

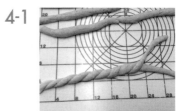

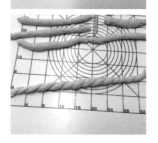

準備溼毛巾、一盤白芝麻粒。每粒小麵團搓成長形麵條狀，2 條麵團先在中央交叉後，左右兩邊各卷成麻花狀，再收口黏合成一個花圈形。

4-2

6 入爐烘烤

烤溫 200℃，烘烤約過 10 分鐘後對調烤盤方向，200℃續烤10分鐘，出爐後放涼。

表面先沾溼毛巾，再沾上白芝蔴粒，放置在烘焙紙上。

5 最後發酵

利用烤箱空間中放置熱水製造出溫溼環境，發酵 1 小時，預熱烤箱 230℃，預熱時取出室溫持續發酵約 10 分鐘，共計約 1 小時 10 分鐘。

-------- Tips --------

縮短後發時間，讓麵包成品口感紮實有咬勁。若後發長，則口感較為鬆軟。

簡約系

奇亞籽香草金牛角麵包

發酵程度　無　低　中　高

操作難度　★　★　★　☆　☆

利用自製的優格酵母粉，還原成酵種，呈中低水量麵團接近貝果麵團的筋度。利用偏中筋的麵粉來營造軟式法國麵包的口感，在麵粉中加入義式綜合香草粉，充滿地中海香草田園的芬芳。再放些奇亞籽，就是低糖低油的金牛角麵包，養生健康又美味。

發酵種結構　**優格酵母粉**

（高筋白麵粉還原起種）

酵液

酵種　老麵

材料　分量：金牛角造形 10 粒

材料	分量	百分比
法國麵包專用粉 Lysdor	400g	100.0%
酵種	160g	40.0%
水	210cc	52.5%
義式綜合香草粉	8g	2.0%
奇亞籽	8g	2.0%
橄欖油	10g	2.5%
砂糖	16g	4.0%
鹽	4g	1.0%
麥芽精粉	0.8g	0.2%
合計	816.8g	204.2%

其他

岩鹽	適量
沙拉油、手粉（防沾黏用）	適量

附帶道具

烤盤、烘焙紙

製作時間

直接法：約 6 小時

隔夜冷藏法：約 12 小時

準備工作

1. 預備好新鮮酵種（酵母粉還原起種方法請參考 P.82）。
2. 計算水溫（夏天可用冷水，春秋用常溫水，冬天用溫水）。

製作流程

混合揉麵
10 分鐘

▼

靜置再揉麵
20 分鐘

▼

基礎發酵
2 ～ 3 小時 或
隔夜 8 ～ 12 小時

▼

分割滾圓
20 分鐘

▼

成形加工
30 分鐘

▼

最後發酵
1.5 小時

▼

入爐烘烤
20 分鐘

1 混合揉麵

將麵粉、香草粉、奇亞籽混合備用。麵盆中加入酵種、砂糖、水、麥芽精粉攪拌,分次將混合好的粉類加入麵盆,攪拌至初步成團,揉到麵團表面初步光滑。把麵團攤開成一正方形,撒上鹽、淋上油,配合按壓和 V 型左右揉合,使麵團充分出筋膜。整圓收口麵團,表面塗薄油,靜置 15 分鐘後,再次將麵團揉至光滑有彈性。

2 基礎發酵

將麵團表面塗薄油後,放入塑膠袋中綁好封口,室溫放置 1 小時後放入冰箱蔬菜室冷藏發酵至 2 倍大。或直接在室溫溫暖處放置發酵至 2 倍大。

3 分割滾圓

麵團排氣後分割成 10 粒等量的麵團。蓋上溼布,直接放在室溫醒發 15 分鐘。

4 成形加工

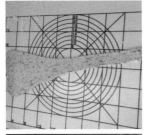

將麵團搓成眼淚狀,再擀成細長扇狀,由上向下捲成牛角造形,收口朝下。

-------- **Tips** --------

擀至 40 公分左右,捲紋造形較為明顯。但勿過度施力,以免造成麵皮破裂。

5 最後發酵

放置溫暖處最後發酵 1.5 小時,預熱烤箱 250℃。

6 入爐烘烤

撒上粗鹽,表面噴水,送入烤箱。230℃蒸氣機能蒸烤 10 分鐘,轉 200℃普通烘烤機能續烤 10 分鐘,合計 20 分鐘。

簡約系
南瓜軟法麵包

	無	低	中	高
發酵程度			▬	
操作難度	★	★	★	☆ ☆

發酵種結構 **葡萄乾酵母**
（全麥與高筋白麵粉混合起種）

酵液
酵種 老麵

在法國麵包麵團基底上加入適當的副材料，讓原本硬綁綁的法國麵包變身成擁有柔軟Ｑ彈的口感，卻兼具法國麵包酥脆輕薄的外皮，稱之為「軟法麵包」。此款麵包無油無糖，只加入香甜的栗子南瓜泥增加溼潤度，表面沾滿南瓜籽，烘烤後香氣四溢，真是一口咬下就令人愛上的美味麵包。

材料 分量：6粒		
高筋白麵粉	300g	100%
酵種	100g	33.3%
水	100cc	33.3%
南瓜泥（煮熟）	120g	40.0%
鹽	4g	1.3%
麥芽精粉	0.3g	0.1%
合計	624.3g	208.1%
其他		
南瓜籽（裝飾用）		適量
沙拉油、手粉（防沾黏用）		適量

附帶道具

烤盤、烘焙紙

製作時間

直接法：約6小時
隔夜冷藏法：約12小時

準備工作

1. 預備好新鮮酵種（葡萄乾酵種方法請參考P.42）。
2. 事先製作好南瓜泥，常溫備用。
3. 計算水溫（夏天可用冷水，春秋用常溫水，冬天用溫水）。

製作流程

製作南瓜泥
30 分鐘

▼

混合揉麵
10 分鐘

▼

靜置水合
1 小時

▼

加鹽第一次拉折
5 分鐘

▼

靜置
30 分鐘

▼

第二次拉折
3 分鐘

▼

基礎發酵
2～3 小時 或
隔夜 8～12 小時

▼

分割滾圓
20 分鐘

▼

成形加工
10 分鐘

▼

最後發酵
1.5 小時

▼

入爐烘烤
25 分鐘

1　製作南瓜泥

南瓜去皮去籽蒸熟放涼，搗碎成泥，取出配方用量。

2　混合揉麵

麵盆中加入酵種、南瓜泥、配方水量中的七成左右、麥芽精粉攪拌，再加入麵粉初步攪拌後，再視麵團軟硬度適當加入剩下的水量。手揉成團，開始進行第一次水合。

-------- Tips --------

南瓜隨品種、季節等不同，做出的南瓜泥含水量不同，麵團配方中的水量請適當調整。

3　靜置水合

完成第一次水合後，攤平麵團輕撒鹽至表面。左右上下對折，放回麵盆中，再靜置水合 30 分鐘，同樣重覆拉折動作，麵團收口朝下放回麵盆中，最後進行正式基礎發酵。（水合拉折法請參考 P.210）

4　基礎發酵

室溫放置 1 小時後，放入冰箱蔬菜室冷藏發酵至 2 倍大。或直接放在室溫溫暖處發酵至 2 倍大。

5 分割滾圓

麵團排氣後分割成等重的小麵團，蓋上溼布，直接放在室溫醒發 15 分鐘。

6 成形加工

準備一盤南瓜籽，和一條溼毛巾。麵團排氣後重新滾圓，手捏著收口，將表面沾溼毛巾後，再沾滿南瓜籽，收口朝下排放在烤盤的烘焙紙上。

7 最後發酵

溫暖處進行 1 小時 30 分鐘最後發酵。烤箱預熱 220℃。

8 入爐烘烤

200℃蒸氣機能蒸烤 10 分鐘，再加上 200℃普通烘烤機能續烤 10 分鐘，續燜 5 分鐘，合計 25 分鐘。

簡約系

法國芝麻小餐包四款

發酵程度　無　低　中　高

操作難度　★　★　★　★　★

發酵種結構　裸麥酸種　老麵丸子

酵液

酵種　老麵

利用裸麥酸種和新鮮老麵製作，麵團中加入黑芝麻、黑糖，讓整個麵包散發著濃濃的黑芝麻香氣和黑糖的焦甜味，屬於外脆內軟的軟法麵包口感，做成外形如磨菇般的 Champignon、煙盒型 Tabatiere，紡綞型 Coupe 和小圓型 Fendu 四款法國餐包。

材料 分量：12 粒		
法國麵包專用粉 Lysdor	450g	100.0%
酵種	150g	33.3%
老麵	100g	22.2%
水	300cc	66.7%
黑芝麻粉	35g	7.8%
黑糖（細粒）	30g	6.7%
鹽	6g	1.3%
麥芽精粉	0.5g	0.1%
合計	1071.5g	238.1%
其他		
米粉（裝飾用）	適量	
橄欖油（裝飾用）	適量	

附帶道具

烤盤、烘焙紙

製作時間

直接法：約 6 小時
隔夜冷藏法：約 12 小時

準備工作

1. 預備好新鮮酵種（裸麥酸種製作方法請參考 P.71）。
2. 酸種老麵丸子解凍回溫（老麵丸子製作方法請參考 P.90）。
3. 計算水溫（夏天可用冷水，春秋用常溫水，冬天用溫水）。

1 製作麵團

麵盆中加入酵種、水、黑糖、麥芽精粉攪拌。分次加入麵粉初步攪拌，再將老麵團用刮刀切成塊狀，和黑芝麻粉一起放入麵盆。手揉至初步成團後靜置水合。靜置完成後加鹽再度揉成三光麵團，進入基礎發酵。麵團排氣後每種麵包分割成各 12 粒等重的小麵團，蓋上溼布，直接放在室溫醒發 15 分鐘。

2 成形加工

2-1

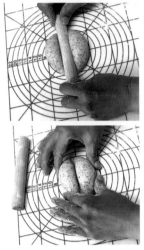

圓形和紡縋形：麵團滾圓後收口朝下，利用麵棒在中央壓出溝紋，紡縋形成形方法請參考德式椒鹽貝果 P.185。

2-2

磨菇形：將麵團切割出約 10 公克小麵團，擀成小圓麵皮狀，一面塗上薄油做菇蓋，再將剩下麵團排氣滾圓，收口朝下。菇蓋塗上薄油的一面蓋在麵團頂部，中間用手指蓋壓出一個深凹，排列於烘焙紙上。

2-3

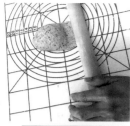

煙盒形：將麵團滾成橢圓形後，收口朝下，麵棒從下向上擀壓成半月型麵皮，麵皮塗油，折壓在麵團上。

3　最後發酵

將成形好的麵團並排在烤盤上，放置溫暖處發酵約 1.5 小時。

4　爐前裝飾

烤箱預熱 250℃。麵包表面撒粉裝飾，圓形和紡綞形麵團再用割線刀隨意割出刀痕，在切隙裡淋上少許橄欖油。

5　入爐烘烤

200℃蒸氣機能蒸烤10分鐘，再加上 200℃普通烘烤機能續烤10分鐘，續燜 5 分鐘，合計25 分鐘。

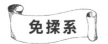

免揉系

樸麥鄉村麵包

發酵程度	無 低 中 高
操作難度	★ ★ ★ ★ ★

發酵種結構 **葡萄乾酵母粉**
（全麥及白麵粉混合還原續種）

酵液
酵種
老麵

混合斯佩爾特小麥、裸麥、法國小麥粉多層次麥香的主食麵包，經過長時間「磨」出來的樸實麵香，散發著屬於古代小麥深奧的底蘊，緻密的質地下包覆著豐富的空氣感，是款值得細細品味的大型農家麵包。

材料 分量：1 顆

（直徑 20cm＊高 8cm 圓形）

材料	分量	百分比
法國麵包專用粉（Lysdor）	200g	100%
斯佩爾特麵粉（Spelt 細粒）	80g	
裸麥麵粉（Rye 粗粒）	20g	
水	200cc	66.7%
酵種	80g	26.7%
鹽	5g	1.7%
麥芽精粉	0.5g（約1/4 茶匙）	0.2%
合計	585.5g	195.2%

其他

高筋麵粉（手粉用）	適量
沙拉油（裝飾用）	適量

附帶道具

發酵籐籃、烘焙石板

製作時間

直接法：約 10 小時
隔夜冷藏法：約 15 小時

準備工作

1. 預備好新鮮酵種（葡萄乾酵母粉還原酵種方法請參考 P.82）。
2. 將麵粉混合均勻、準備好道具。
3. 評估製作環境的溫度和溼度，以調整水溫。

製作流程

混合材料
10 分鐘

靜置水合
2 小時

加鹽第一次拉折
5 分鐘

靜置
40 分鐘

第二次拉折
3 分鐘

靜置
40 分鐘

第三次拉折
3 分鐘

基礎發酵
3 ～ 4 小時 或
隔夜 8 ～ 12 小時

成形入籃
5 分鐘

最後發酵
3 小時

表面裝飾
3 分鐘

入爐烘烤
40 分鐘

1 混合揉麵

1-1

將酵種、水、麥芽精粉放至麵盆中，輕微攪拌。

1-2

分次將麵粉加入麵盆混合，攪拌至成團。蓋上保鮮膜或溼布，進行第一次靜置水合（2 小時）。

------ **Tips** ------

低筋度麵粉或高含水量麵團因手揉程度低，為了讓材料混合均勻，分次倒入麵粉攪拌，有助於粉水混合，材料更容易吸收入麵團之中。

2 靜置水合

2-1

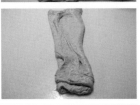

第一次水合和拉折：

經過 2 小時水合之後，將麵團取出至揉麵台上，利用手指拉開麵團四邊，攤平成如薄麵皮，經過第一次水合之後的麵團，可看出來已產生某種程度的筋膜。將細鹽平均撒在麵皮上。手指沾水輕壓鹽表面將鹽輕貼於麵皮上。開始像折棉被一樣，由上向下折至三分之一處，再由

下向上對折，然後兩側
對折其上如方塊。放回
麵盆中，再進行第二次
靜置水合（40分鐘）。

----------- Tips -----------

低筋度麵粉或高含水量
麵團常使用拉折法取代
手揉，一次拉折配合一
次靜置水合，重覆數次，
也可以達到足夠筋度和
薄膜，同時也保護麵團不
受強力揉麵動作的傷害。

2-2

第二次水合和拉折：

經過第二次水合拉折之
後，麵團產生更強的筋
膜。再重覆步驟 2-1 的
手法，拉折之後放回麵
盆中，再進行第三次靜
置水合（40分鐘）。

2-3

第三次水合和拉折：

經過三次水合和拉折的
麵團已產生了高度筋
度，在測試薄膜時已可
透看出指紋，感覺到近
似絲襪的筋膜。再重覆
步驟 2-1 的手法，拉折
之後放回麵盆中，進行
正式基礎發酵。

3	**基礎發酵**

（以下兩法擇一）

3-1

冰箱冷藏發酵：

保存盒必須緊套好保鮮
膜，另外加蓋一條溼布，
再放入塑膠袋中，再放入
冰箱蔬菜室，以免表面乾
燥。發酵約 8 ～ 12 小時
（視麵團膨脹情況調整，
當麵團增大膨脹約 2 倍
即完成基礎發酵）。

----------- Tips -----------

高含水或硬式麵包麵團
一般不採用手指測試，以
目測體積為判斷基準。

3-2

室溫發酵：

室溫靜置發酵至體積膨
脹約 2 倍大時即完成基
礎發酵。

4	**成形入籃**

將發酵籐籃內側平均撒
上麵粉以防麵團沾黏。
作業台上輕撒手粉後，
將發酵完成的麵團倒向
作業台，利用手指輕拉
麵團邊緣成圓餅狀，再
順時針將邊緣向中央集
口成圓球狀，收口朝下，
使用雙手手掌滾動麵
球，讓表面形成張力並
且排除表面多餘氣泡，
麵團表面再撒些手粉，
雙手捧著麵球收口朝上
放入籐籃中。

✤ 何謂「水合法」和「拉折法」？使用時機和方式為何？

水合法（autolyse），又稱為自我水解法，在正式揉麵之前先讓水和麵粉經過一段時間的靜置，讓麵糰中的蛋白質和水自然結合產生麵筋，以縮短揉麵時間。野酵麵包幾乎都會利用水合法來輔助手揉，提高操作的容易度。

由於野生酵母的發酵高峰來得慢，所以我製作野酵麵包時所採用的水合法，是將麵粉、水、酵種三者全部混合攪拌。因為鹽會抑制發酵，所以加入鹽的時機在第二次拉折。若是夏天時，鹽就可以直接和材料一起混合水合。水合靜置約 30 分鐘～ 3 小時之間（麵團愈大，靜置時間愈長，大型鄉村麵包可達 3 小時以上）。炎夏可放冷氣房或是冰箱蔬菜室，嚴冬可放在室溫水合，夏天約 30 分鐘，冬天約在 1 ～ 3 小時之間，水合之後就可以開始進行拉折。

拉折法（Stretch and Fold），材料簡單、高含水量的硬式麵包麵團常使用拉折法取代手揉，一次拉折配合一次靜置水合，重覆數次，也可以達到足夠筋度和薄

膜。以一顆野酵鄉村麵包為例，我一般採第一回以 1 小時左右的靜置水合，然後再配合 2 ～ 3 次拉折，各間隔 40 分鐘～ 1 小時的靜置時間，拉折的次數主要看薄膜出現的程度，若是含水量極高的麵團，甚至可增加至 5 ～ 6 次，直到出現如絲襪般的筋膜。

拉折方法是將麵團儘量拉開整平（作業台上噴上少許水氣有利於操作），像折棉被，由上向下折至三分之一處，再由下向上對折，然後兩側對折其上如方塊。

在第一次拉折時，儘量將麵團拉至最大化，此時可平均撒入鹽、堅果等副材料，接著多次折疊，以利貼合，又可稱為層壓貼合（Lamination）法。

第一次水合後、層壓貼合、拉折 ——

第二次水合及拉折的筋膜　　　第三次水合及拉折的筋膜

---- Tips ----

單一麵團無分割時，可省略中間靜置（醒麵）步驟，直接排氣成形入模，保留內部氣體，同時減少對麵團傷害。

5 最後發酵

將籐籃放入塑膠袋中，封好封口，室溫發酵至滿籃。時間夏短冬長（此顆製作時室溫 18℃，進行約 3 小時）烤箱內放入烤盤、烘焙石板一起預熱 300℃（或以各家烤箱最高溫預熱）。

---- Tips ----

預熱石板至充分高溫，時間通常至少需要 30 分鐘以上。

6 表面裝飾

將烘焙紙放在厚紙板或披薩鏟上，再蓋在籐藍上，將麵團輕輕倒扣至烘焙紙上。手拿刀片以 45 度斜角從長側的一端一直劃到另一端，深度約 0.5 公分左右。割線縫隙中淋上油（以助開裂）。在麵團表面噴水之後，手拖著厚紙板或披薩鏟將麵團連同烘焙紙一起推滑進烤箱，再抽出厚紙板，迅速關上烤箱門。

---- Tips ----

全程因高溫危險，謹慎進行。請帶作業用厚手套及穿長袖以防燙傷。

7 入爐烘烤

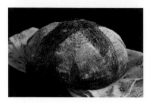

烘烤開始 10 分鐘內使用 250℃過熱水蒸氣機能，蒸烤 10 分鐘後改成普通烘烤機能 250℃續烤 15 分鐘，同時對調麵團方向，以平均烤色，最後再調至 230℃續烤 10 分鐘，烘烤時間到，讓麵團在烤箱內再燜 5 分鐘，合計 40 分鐘。出爐後移到架上放涼。

---- Tips ----

此款鄉村麵包體積大重量重，含水量高，因此烘焙時間較長，建議烤後不馬上取出，利用 5～8 分鐘燜烤的方法，有助於內部熟透及水氣蒸散，提高燒減率，以改善口感。

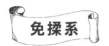

免揉系

田園風拖鞋麵包

發酵程度　無 低 中 高

操作難度 ★ ★ ☆ ☆ ☆

發酵種結構　**裸麥麵包屑酵種**
（高筋白麵粉續種）

酵液

酵種　老麵

　　隨興造型，不需多餘裝飾，放任麵團自由造形，就彷彿是一雙老農夫的大腳鞋。香脆外皮下卻是濕潤鬆軟十足彈性，是義大利農家最常見的主食。使用將近同比例的裸麥麵包屑酵種長時間發酵，將樸質的麵香發揮極致，並把原本的大腳鞋尺寸切成一人份的大小，就是帶有田園風的小巧拖鞋麵包。

材料　分量：4 粒		
法國麵包專用粉（Lysdor）	250g	100%
酵種	240g	96%
水	100cc	40%
鹽	4g	1.6%
麥芽精粉	0.5g	0.2%
合計	594.5g	237.8%
其他		
米粉（裝飾用）		適量

附帶道具

烤盤、發酵帆布

製作時間

直接法：約 10 小時
隔夜冷藏法：約 15 小時

準備工作

1. 預備好新鮮酵種（裸麥麵包屑酵種方法請參考 P.88）。
2. 評估製作環境的溫度和溼度，以調整水溫。

213

製作流程

混合揉麵
10 分鐘

▼

靜置水合
2 小時

▼

加鹽第一次拉折
5 分鐘

▼

靜置水合
40 分鐘

▼

第二次拉折
3 分鐘

▼

靜置水合
40 分鐘

▼

第三次拉折
3 分鐘

▼

基礎發酵
3～4 小時 或
隔夜 8～12 小時

▼

成形切割
5 分鐘

▼

最後發酵
2 小時

▼

表面割紋
1 分鐘

▼

入爐烘烤
25 分鐘

1 混合揉麵

加入酵種、水、麥芽精粉放至麵盆中攪拌。分次加入麵粉混合，攪拌至成團。蓋上保鮮膜或溼布，進行第一次靜置水合。

-------- Tips --------
麵包屑酵種本身含水量高，屬液狀酵種，麵團水量要酌量調整。

2 靜置水合

水合完畢進行加鹽和第一次拉折後，再完成第二回靜置和拉折（詳細水合拉折法請參考 p.210）。

3 基礎發酵

放置室溫發酵或冰箱蔬菜室冷藏發酵至 2 倍大。

4 成形切割

若使用冷藏發酵時，從冰箱取出麵團後回溫約 40 分鐘。發酵帆布上撒上手粉，將麵團倒在帆布上，手指伸入麵團下方，輕輕拉開麵團成正方形。利用刮刀切成 4 等分。蓋上溼布進行最後發酵。

Tips

此款麵包筋性低,麵團脆弱,因此以最低限施力為重點,不成形不排氣,降低對麵團的傷害。

5 最後發酵

室溫最後發酵約 2 小時,烤箱預熱 300℃。

6 表面割紋

麵團表面用割線刀隨意割紋,全面噴水後,送入烤箱。

7 入爐烘烤

250℃ 蒸氣烘烤 10 分鐘,轉 230℃ 普通烘烤 10 分鐘,燜 5 分鐘,合計 25 分鐘。

Tips

因此款酵種比例高,內部中心不易烤熟,因此利用餘熱燜烤有助於麵包內部水氣蒸散。

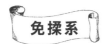

免揉系

法國短棍麵包

發酵程度　無　低　中　高
操作難度　★ ★ ★ ★ ★ ★

發酵種結構 **優格酵母**
（高筋白麵粉起續種）

酵液
酵種　老麵

撕開的裂口、翻開的耳朵、縱長的氣泡，是完美法棍的三要件。外表香脆，內部鬆軟，空氣感十足，咬斷性佳。利用野生酵母製作法棍是用時間和耐心換來的。剛出爐的法國棍子，散發著迷人的小麥香，那脆到爆裂的外皮讓人覺得一切付出都是值得的。

材料　分量：4 條		
法國麵包專用粉（Lysdor）	360g	100%
酵種	120g	33.3%
水	240cc	66.7%
鹽	6g	1.7%
麥芽精粉	1g	0.3%
合計	727g	201.9%
其他		
高筋白麵粉（手粉或裝飾用）	適量	

附帶道具

烤盤、烘焙紙、發酵帆布

製作時間

直接法：約 8 小時
隔夜冷藏法：約 14 小時

準備工作

1. 預備好新鮮酵種（優格酵種方法請參考 P.62）。
2. 評估製作環境的溫度和溼度，以調整水溫。

製作流程

混合材料
10 分鐘

▼

靜置水合
2 小時

▼

加鹽第一次拉折
5 分鐘

▼

靜置水合
40 分鐘

▼

第二次拉折
3 分鐘

▼

靜置水合
40 分鐘

▼

第三次拉折
3 分鐘

▼

基礎發酵
2～3 小時 或
隔夜 8～12 小時

▼

分割靜置
20 分鐘

▼

成形加工
20 分鐘

▼

最後發酵
1.5 小時

▼

表面割紋
3 分鐘

▼

入爐烘烤
18 分鐘

1 混合材料

將酵種、水、麥芽精粉放至麵盆中攪拌。分次加入麵粉混合，攪拌至成團。蓋上保鮮膜或溼布，進行第一次靜置水合。

-------- Tips --------

因此款麵團不含糖類，加入少許的麥芽精粉以促進發酵，成品烤色也較為金黃顯亮。

2 靜置拉折

水合完畢進行加鹽和第一次拉折後，再完成第二回靜置和拉折（詳細水合拉折法請參考 P.210）

3 基礎發酵

放置室溫發酵或冰箱蔬菜室冷藏發酵至 2 倍大。

4 分割靜置

從冰箱取出麵團放置在發酵帆布上，手指伸入麵團下方，輕輕拉開麵團成正方形。利用刮刀切成 4 等分。約折成長條形，蓋上帆布靜置 15 分鐘。

5 成形加工

5-1

麵團收口朝上，輕拉成長方形。

5-2

由下往麵團三分之一處向上折，手指輕壓折處。上方同樣向下折。再對折，利用手根處壓緊折口，把氣泡壓出。

5-3

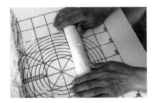

再滾動麵團，整成長棍狀（長約 25 公分）。

5-4

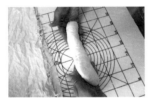

收口朝上，雙手托住兩端，放在撒好手粉的發酵帆布上。

5-5

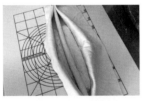

可用夾子夾住帆布兩端固定。

---

6 最後發酵

室溫發酵。是否完成發酵可用按壓麵團回彈程度來判斷，手指按壓麵團側邊，若是快速回彈則發酵不足，若是緩慢回彈即可視為完成發酵，若是一按壓就消風攤垮就是過度發酵。烤箱內放入烤盤一起預熱300℃（以各家烤箱最高溫預熱）。

---

7 表面割紋

將麵團移至到烘焙紙上，表面撒些手粉，割上 3～4 條紋線，可在割紋中淋上少許沙拉油有助開裂，噴水後送入烤箱。

---

8 入爐烘烤

250℃蒸氣功能蒸烤 10 分鐘，取出調換方向，轉 230℃普通烘烤機能續烤 8 分鐘。

·········· **Tips** ··········

家庭烤箱蓄熱不夠，容易底火不足，影響成品氣孔組織，若是較小型的烤箱，建議一次最多不超過 2 條量。

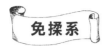

免揉系

迷迭香佛卡夏麵包

發酵程度 無 低 中 高

操作難度 ★ ★ ☆ ☆ ☆

發酵種結構 **優格酵母粉**
（以法國麵包粉還原續種）

酵液
酵種 老麵

這款佛卡夏的精髓在使用大量的橄欖油、迷迭香和粗粒岩鹽。讓美好一天的開始就用清新的迷迭香和芬芳的橄欖油來喚醒味覺。外皮薄脆，內部鬆軟有彈性，撒上岩鹽更增添獨特的鹹味，多層次的香氣譜出一首完美的圓舞曲。

材料 分量：1 個		
法國麵包專用粉（lysdor）	200g	100%
酵種	80g	40%
水	160cc	80%
麥芽精粉	0.3g（兩指捏量）	0.2%
鹽	3g	1.5%
合計	443.3g	221.7%
其他		
橄欖油（冷壓初榨）		適量
迷迭香（新鮮葉片）		適量
岩鹽（粗粒）		適量

附帶道具

烤模（18cm*24cm*3cm）1 個

製作時間

直接法：約 8 小時
隔夜冷藏法：約 14 小時

準備工作

1. 預備好新鮮酵種（酵母粉還原酵種方法請參考 P.82）。
2. 評估製作環境的溫度和溼度，以調整水溫。

製作流程

混合材料
10 分鐘

↓

靜置水合
2 小時

↓

加鹽第一次拉折
5 分鐘

↓

靜置
40 分鐘

↓

第二次拉折
3 分鐘

↓

靜置
40 分鐘

↓

第三次拉折
3 分鐘

↓

基礎發酵
2～3 小時 或
隔夜 8～12 小時

↓

入模成形
5 分鐘

↓

最後發酵
1.5 小時

↓

表面裝飾
3 分鐘

↓

入爐烘烤
23 分鐘

---

1 混合材料

將酵種、水、麥芽精粉放至麵盆中攪拌。分次加入麵粉混合，攪拌至成團。蓋上保鮮膜或溼布，進行第一次靜置水合。

2 靜置水合

水合完畢進行加鹽和第一次拉折後，再完成第二回靜置和拉折（詳細水合拉折法請參考 p.210）。

3 基礎發酵

麵盆套好保鮮膜，加蓋溼布，放置溫暖處發酵至 2 倍大。

4 入模成形

雙手塗橄欖油，烤盤內也塗滿橄欖油。用手輕拉麵團的四角，拉成平坦的長方型，左右對摺，放入烤盤中。

5 最後發酵

室溫發酵（此次為25℃）約1.5小時。烤箱預熱300℃。

7 入爐烘烤

250℃烘烤10分鐘，轉220℃烤13分鐘，合計23分鐘。

6 表面裝飾

麵團表面上塗滿橄欖油，舖上迷迭香，利用手指將迷迭香葉片壓入麵團，全面撒上岩鹽。

免揉系
南法面具麵包

發酵程度　無　低　中　高
操作難度　★★★★☆

發酵種結構　**酸種冰塊**
（全麥和高筋白麵粉混合續種）

酵液
酵種　老麵

　　説到 Fougasse，法國人一定會直接想到陽光普照、風光宜人的普羅旺斯，人們喜愛做成又大又扁的葉片造形，然後加入屬於地中海風味的各式材料如蕃茄、橄欖、香草，充滿濃濃的南法風情。它和義大利佛卡夏麵包和披薩有如親兄弟，做法和材料都非常類似，各有特色。

材料 分量：4 片		
法國麵包專用粉（Lysdor）	320g	100%
酵種	200g	62.5%
水	200cc	62.5%
麥芽精粉	0.3g	0.1%
鹽	3g	0.9%
合計	723.3g	226.0%
其他		
油漬蕃茄	40g	
黑橄欖粒（罐頭）	10 粒	
迷迭香（新鮮葉片）	適量	
岩鹽（粗粒）	適量	
黑胡椒粉（粗粉）	適量	
橄欖油（冷壓初榨）	適量	

附帶道具

烤盤

製作時間

直接法：約 7 小時
隔夜冷藏法：約 13 小時

準備工作

1. 預備好新鮮酵種（酸種冰塊酵種製作方法請參考 P.85）。
2. 準備好各式材料。
3. 評估製作環境的溫度和溼度，以調整水溫。

4-2

準備 1 張麻（或棉）布放在厚紙板上（或平盤上），撒上麵粉以防沾黏。將 70 公克小麵團桿成圓餅皮（約 18 公分左右），麵皮表面四周塗上薄油，平放在麻布上，其他的 7 粒麵團重新滾圓，收口在上面，沿著麵皮內側排成一圓圈。麵皮中間切開，向麵團方向反折，中間放 1 個杯子，最後蓋上布，直接放置室溫溫暖處發酵。

5　最後發酵

5-1

完成最後發酵。發酵中途預熱烤箱與烘烤石板 300℃（或以烤箱最高溫度預熱）。

5-2

麵團上方蓋 1 張烘焙紙，再放置 1 張厚紙板，將麵團倒扣至烘焙紙上，表面平均撒滿麵粉。

6　入爐烘烤

利用厚紙板（或披薩鏟）將麵團直接推送至烤箱石板上，開 250℃蒸氣機能蒸烤 10 分鐘，再轉 220℃普通烘烤機能烤 15 分鐘，時間到燜 5 分鐘，共 30 分鐘。

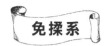

藍莓堅果鄉村麵包

發酵程度 無 低 中 高
操作難度 ★ ★ ★ ★ ★

發酵種結構 **牛奶蜂蜜酵母**
（裸麥麵粉混合高筋白麵粉起種）

酵液
酵種 老麵

在樸實的鄉村麵包上增添花樣的元素，可以把藍莓果實和汁液揉入麵團中，和白麵團交織成紫白花紋，加上各式堅果點綴其中，除了夢幻浪漫的色調之外，甜美的果實和濃郁的堅果風味融合成一款別具特色的鄉村麵包。

材料 分量：2 顆

白麵團

法國麵包專用粉 Lysdor	200g	100%
酵種	80g	40%
水	140cc	70%
鹽	3g	1.5%
麥芽精粉	0.3g（兩手指捏量）	0.2%
合計	423.3g	211.7%

紫麵團

法國麵包專用粉 Lysdor	200g	100%
酵種	80g	40%
藍莓果實汁液	150cc	75%
鹽	3g	1.5%
麥芽精粉	0.3g	0.2%
合計	433.3g	216.7%

其他

新鮮藍莓	300g
各式堅果（低溫焙煎過）	30g

附帶道具

發酵帆布、烘焙石板

製作時間

直接法：約 9 小時
隔夜冷藏法：約 15 小時

準備工作

1. 預備好新鮮酵種（牛奶蜂蜜酵種製作方法請參考 P.79）。
2. 預先製作好藍莓汁、堅果切成細丁、準備好道具。
3. 評估製作環境的溫度和溼度，以調整水溫。

製作流程

混合材料
30 分鐘

▼

靜置水合
1 小時

▼

加鹽第一次拉折
5 分鐘

▼

靜置水合
40 分鐘

▼

第二次拉折
3 分鐘

▼

靜置水合
40 分鐘

▼

重疊拉折
3 分鐘

▼

基礎發酵
3～4 小時 或
隔夜 8～12 小時

▼

分割添料
5 分鐘

▼

靜置成形
20 分鐘

▼

最後發酵
2 小時

▼

表面裝飾
3 分鐘

▼

入爐烘烤
30 分鐘

---

1 製作麵團

1-1

製作藍莓汁。將 300 公克新鮮藍莓放入鍋中，加熱煮至軟熟，其中取 150cc 量放涼備用。

1-2

紫麵團：麵盆中放入酵種、藍莓汁、水、麥芽精粉混合攪拌，分次將麵粉加入麵盆，攪拌至成團。

白麵團：麵盆中加入酵種、水、麥芽精粉，分次將麵粉加入麵盆混合，攪拌至成團。

2 粒麵團盆都蓋上保鮮膜或溼布，進行第一次靜置水合。

-------- **Tips** --------

藍莓汁含有果實和汁液，每人做出的稠稀度不同，所以配方中的水量要適當調整。

2 靜置水合

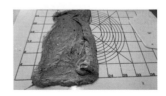

完成第一次水合後，拉折攤平麵團並輕撒鹽至麵團表面。左右上下對折，放回麵盆中，再進行第二次水合拉折（水合拉折法請參考 P.210）。

3 重疊拉折

準備進行第三次拉折時，先把 2 粒麵團各拉成麵皮，上下重疊再折疊成正方形，放回麵盆進行基礎發酵。

--------- Tips ---------

此款麵包含水量高，確實完成水合拉折以建立筋膜。水合拉折可視筋膜形成狀況調整次數。

4 基礎發酵

放置冰箱蔬菜室冷藏發酵至 2 倍大。或直接放置室溫溫暖處發酵成 2 倍大。

5 分割添料

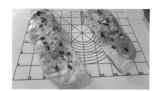

在發酵帆布上平均撒些手粉，將發酵完成的麵團倒向作業台，拉開成正方形麵皮狀，切分成兩個等量的麵團。將切成細丁的堅果分別撒在麵皮上。

--------- Tips ---------

施力採最低限度，以免麵團受傷破壞筋膜。

6 靜置成形

6-1

折疊滾圓後，放置在發酵帆布上靜置 15 分鐘。

6-2

輕輕排氣後整形成橄欖長條形，放置在發酵帆布上蓋上溼布進行最後發酵。

7 最後發酵

放置室溫發酵至體積增大大約 1.7 倍，烤箱內放入烤盤、烘焙石板預熱 300℃（或以各家烤箱最高溫預熱）。

8 表面裝飾

將麵團倒扣至烘焙紙上，撒上麵粉，表皮割線噴水後入爐。

9 入爐烘烤

開 250℃ 蒸氣機能蒸烤 10 分鐘，後轉 230℃ 普通烘烤機能烤 15 分鐘，時間到燜 5 分鐘，共 30 分鐘。

--------- Tips ---------

此款麵團因含水量高，加上有新鮮果粒，不易烤熟，建議烘烤時間到時，再利用餘熱燜 5 ～ 10 分鐘，有助於麵包中心水氣散發。

輕酸種鄉村麵包

發酵程度	無	低	中	高

操作難度 ★ ★ ★ ★ ★

發酵種結構 **酸種冰塊**
（高筋白麵粉還原續種）

酵液　　酵種　　老麵

利用裸麥酸種冰塊還原成酸種酵種，使用單一的高筋白麵粉取代厚實的裸麥麵粉，調整整體麵包口感以符合亞洲人偏好的鬆軟度，同時保有酸種獨特的風味，加上高量的水分能提高空氣感，添加少量的砂糖有助於發酵、柔和酸氣並改善口感，是款適合全家大小的主食麵包。

材料 分量：1 顆		
高筋白麵粉	200g	100%
酵種	70g	35%
水	140cc	70%
砂糖	10g	5%
鹽	4g	2%
麥芽精粉	0.2g	0.1%
合計	**424.2g**	**212.1%**
其他		
高筋白麵粉（裝飾用）		適量

附帶道具

發酵藤籃、烘焙石板

製作時間

直接法：約 8 小時
隔夜冷藏法：約 14 小時

準備工作

1. 預備好新鮮酵種（酸種冰塊酵種製作方法請參考 P.85）。
2. 將粉類混合均勻、準備好道具。
3. 評估製作環境的溫度和溼度，以調整水溫。

製作流程

混合材料
10 分鐘

▼

靜置水合
1 小時

▼

加鹽第一次拉折
5 分鐘

▼

靜置
40 分鐘

▼

第二次拉折
3 分鐘

▼

靜置
40 分鐘

▼

第三次拉折
3 分鐘

▼

基礎發酵
2 ～ 3 小時 或
隔夜 8 ～ 12 小時

▼

成形入籃
5 分鐘

▼

最後發酵
2 ～ 3 小時

▼

表面裝飾
3 分鐘

▼

入爐烘烤
30 分鐘

---

1 混合材料

將酵種、水、糖、麥芽精粉放至麵盆中攪拌。分次加入麵粉混合，攪拌至成團。蓋上保鮮膜或溼布，進行第一次靜置水合。

2 靜置水合

水合完畢進行加鹽和第一次拉折後，再完成第二回靜置和拉折（詳細水合拉折法請參考 P.210）

.... **Tips** ....

此款麵包含水量高，確實完成水合拉折以建立筋膜，水合拉折可視筋膜形成狀況調整次數。

3 基礎發酵

放置室溫發酵或冰箱蔬菜室冷藏發酵至 2 倍大。

4 成形入籃

將發酵藤籃內側均勻撒上麵粉備用。將麵團倒向作業台，滾圓收口，收口朝上放入藤籃中。

.... **Tips** ....

成型時強行施力容易使麵團受傷，輕微收口即可。

5　最後發酵

將籐籃放入塑膠袋中，封好封口，室溫發酵至滿籃。烤箱內放入烤盤、烘焙石板一起預熱300℃（或以各家烤箱最高溫預熱）。

6　表面裝飾

將麵團扣至烘焙紙上。表面割線，縫隙中淋上油（以助開裂）。麵團表面噴水之後，將麵團放入烤箱。

·········· Tips ··········

可利用帶蓋鑄鐵鍋烘烤，鑄鐵鍋必須事先和烤箱一同預熱，將發酵好的麵團連同烘焙紙一起放入預熱好的鑄鐵鍋中，蓋上蓋子，再將鍋子放入烤箱中。

7　入爐烘烤

7-1

開250℃蒸氣機能蒸烤10分鐘，後轉520℃普通烘烤機能烤15分鐘，時間到燜5分鐘，共30分鐘。

·········· Tips ··········

鑄鐵鍋烘烤麵包時不需要使用蒸氣功能，烘烤約一半後，取出蓋子，再持續烘烤至完成。各家烤箱個性不同，要注意上方烤色，適時加上鋁箔紙或是調整上火。

7-2

大型鄉村麵包剛出爐時，中心水氣大量蓄積，組織仍不穩定，勿馬上切開麵團，必須靜置放涼至少3小時以上，一般放涼6小時左右再切開，放涼後的麵包充滿空氣感，氣孔均勻，形狀穩定，是享用的最佳時機。

裸麥酸種麵包

發酵程度	無 低 中 高
操作難度	★ ★ ★ ★ ★

發酵種結構　裸麥酸種

酵液
酵種
老麵

裸麥獨特的、細緻紮實的口感，以及利用單一裸麥酸種長時間發酵出自然龜裂的紋路，是無數菌工們慢工出細活雕刻出來的藝術作品。裸麥特有的酸味和麥香是此款麵包的風味基底，彷彿品嚐一罈陳年老酒，在一口一口細嚼慢嚥中體會出它多層次的美味。

材料　分量：2 顆		
裸麥麵粉（中粒）	350g	100%
高筋白麵粉	150g	
酵種	200g	40%
水	300cc	60%
鹽	6g	1.2%
合計	1006g	201.2%
其他		
裸麥片（裝飾用）	適量	
高筋白麵粉（裝飾用）	適量	

附帶道具

發酵籐籃、發酵帆布、烘焙石板

製作時間

直接法：約 10 ～ 12 小時
隔夜冷藏法：約 18 ～ 20 小時

準備工作

1. 預備好新鮮酵種（裸麥酸種製作方法請參考 P.71）。
2. 將麵粉混合均勻、準備好道具。
3. 評估製作環境的溫度和溼度，以調整水溫。

製作流程

混合材料
10 分鐘

▼

靜置水合
3 小時

▼

第一次拉折
5 分鐘

▼

基礎發酵
5～6 小時 或
隔夜 12～15 小時

▼

成形入籃
5 分鐘

▼

最後發酵
3 小時

▼

入爐烘烤
40 分鐘

1　混合材料

將酵種、水放至麵盆中，輕微攪拌。將麵粉、鹽混合後分次加入麵盆中混合，攪拌至成團。蓋上保鮮膜或溼布，進行1次靜置水合。

---------- Tips ----------

製作前確實進行酸種餵養1～2回的動作，確定酵種的活性。此款麵包因為裸麥麵粉和裸麥酸種比例高，混合水之後黏度高，不易形成筋度，手揉操作困難，建議先利用攪拌棒初步混合材料後，再用刮刀來幫助成團。若是使用顆粒愈粗的裸麥麵粉，筋性更低，操作難度更高，麵包口感也更為紮實堅硬，幾乎無法手揉，因此確實均勻攪拌和長時間水合自然形成筋性非常重要。

2　靜置水合

經過水合之後，將麵團取出至揉麵台上，利用刮刀壓平麵團後，拉折1次再壓平略成圓餅狀，將邊緣收至中心，放回麵盆中，進行基礎發酵。

---------- Tips ----------

此麵團筋性低，骨架弱，而揉壓等過度施力的動作容易使麵團受傷，因此拉折為1次。

3　基礎發酵

室溫放置1小時後放入冰箱蔬菜室冷藏發酵至2倍大，或直接在室溫溫暖處放置成2倍大。

4 成形入籃

將發酵籐籃內側和發酵帆布表面平均撒上麵粉以防麵團沾黏。作業台上輕撒手粉後，將發酵完成的麵團倒向作業台，分割成 2 顆重量平均的麵團。1 顆整形為圓球狀，雙手捧著麵球收口朝上放入籐籃中，1 顆整形為橄欖長條狀，收口朝下放在發酵帆布中。

.... **Tips** ....

成型時強行施力容易使麵團受傷，輕微收口即可。

5 分割靜置

5-1

放置室溫（製作時室溫約 25℃）發酵約 2 小時。

5-2

發酵 2 小時後的狀況。

5-3

將圓形麵團從發酵籃取出倒至烘焙紙上，表面平均撒滿麵粉，長形麵團從發酵帆布移至烘焙紙上，表面噴水後沾上裸麥片，兩麵團表面直接接觸乾燥空氣，持續發酵。

5-4

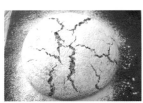

持續發酵 1 小時至表面形成自然裂紋。發酵同時，烤箱內放入烤盤、烘焙石板一起預熱 300℃約 30 分鐘（以各家烤箱最高溫預熱）。

.... **Tips** ....

儘量使麵團在乾爽的環境下發酵，有利於表面形成自然龜裂。

6 入爐烘烤

250℃ 蒸氣機能蒸烤 10 分鐘，轉 250℃ 普通烘烤機能烤 15 分鐘，轉 220℃續烤 10 分鐘，時間到燜 5 分鐘，共 40 分鐘。

.... **Tips** ....

此款麵包烘焙時間較長，建議烤後不馬上取出，利用 5 ～ 8 分鐘燜烤的方法，有助於內部熟透及水氣蒸散，同時提高燒減率，以改善口感。烤後經過 1 天的靜置熟成是裸麥酸種麵包最佳品嚐時間。因為口感紮實，必須利用鋒利刀具切成薄片，塗上果醬或是沾上口味濃厚的濃湯細細品味最為適合。吃不完的酸種麵包可以切薄片冷凍保存，待日後再享用，也是製作麵包屑酸種的極佳原料。

回味無窮
的中華麵食

原味白饅頭

發酵程度　無　低　中　高

操作難度　★ ★ ★ ★ ★

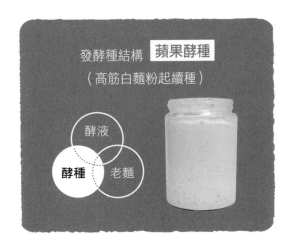

發酵種結構　**蘋果酵種**
（高筋白麵粉起續種）

酵液

酵種　老麵

饅頭是中華民族麵食文化中最具代表性的主食。最簡單的手法、最純樸的材料，加上利用野生酵母酵種製作，更能呈現出原汁原味的小麥麵香。軟硬適中的咬勁和彈性，讓細細咀嚼成為一種無比的味蕾享受。利用特別滾圓成形的手法讓野酵饅頭歷經長時間發酵也可以飽滿圓挺。

材料 分量：6粒		
高筋白麵粉	150g	100%
低筋白麵粉	150g	
酵種	120g	40.0%
水	130cc	43.3%
砂糖（白細砂）	10g	3.3%
沙拉油	10cc	3.3%
鹽	3g	1.0%
合計	573g	191.0%
其他		
手粉（防沾黏）	適量	
沙拉油（防乾燥）	適量	

附帶道具

蒸籠

製作時間

直接法：約 5 小時

準備工作

1. 預備好新鮮酵種（蘋果酵種方法請參考 P.56）。
2. 秤量材料、沙拉油可以省略（加油較鬆軟，不加油較為紮實有咬勁）。
3. 計算水溫（夏天可用冷水，春秋用常溫水，冬天用溫水）。

製作流程

混合揉麵
10 分鐘

▼

靜置
10 分鐘

▼

第二次揉麵
5 分鐘

▼

靜置
10 分鐘

▼

第三次揉麵
3 分鐘

▼

基礎發酵
1.5 小時

▼

分割滾圓
20 分鐘

▼

排氣成形
20 分鐘

▼

最後發酵
1 小時

▼

入籠水蒸
20 分鐘

1 混合揉麵

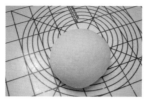

酵種先放入盆中,加入八成水,然後加入半量的麵粉攪拌,再將剩下半量麵粉和其他材料以及剩下的兩成水全部加入盆中,攪拌成團後,放在作業台上揉至三光。蓋上溼布靜置 10 分鐘。

------ Tips ------

饅頭和包子麵團屬於低水量偏硬的麵團,剛揉時感覺特別堅硬,但不可一直加水,揉約 5 分鐘後就會三光(盆乾淨、手乾淨、麵團表面平整)

2 靜置揉麵

三光後,再靜置 10 分鐘。最後揉至麵團成一顆光滑有彈性的圓球狀麵團。

------ Tips ------

含水量低的麵團硬性高,手揉比一般麵團來的使力,但過度使力容易使麵團破裂受傷,所以一次揉面一次靜置,重覆 2 ~ 3 次,可促進粉水結合,鬆弛筋性,可使材料均勻揉入,也同時排除多餘氣體,讓成品口感紮實有彈性。

3 基礎發酵

溫暖處發酵至 1.7 ~ 2 倍大。

------ Tips ------

以百分之百野生酵母製作饅頭類麵食時,因其酵力不如商酵強,而且發酵時間長,發酵高峰來的慢,建議確實完成第二次發酵(基發 + 終發),才能做出口感佳的成品。

4 分割滾圓

分割成 6 等分，剩下一小塊麵團（約 25 公克）做觀察發酵用麵團，排氣滾圓收口。

5 排氣成形

按順序（先滾圓好的先操作）將小麵團用擀麵棒壓出氣泡，把四周麵皮收向中心，收口朝下，再利用雙手手掌貼緊麵團兩側前後搓圓成雞蛋型。上圓下尖的雞蛋型可以讓麵團在發酵後保持端正的圓型。將剩下的麵團放入量杯中壓平（此刻約是位在 25ml 左右的高度）。

---- Tips ----

確實用手掌壓揉排氣再滾圓，或是利用擀麵棒將多餘氣泡擀除，以免成品出現凹凸不平或不光滑的表面。野生酵母麵團因發酵時間長，麵團容易向四周發展而軟趴趴成平面狀，所以利用「向上拉挺」的手法。若是想製作圓形饅頭，就事先將麵團整成上圓下尖的雞蛋狀；若是想整成長條狀，就儘量整成倒梯形狀，讓發酵後的麵團仍可以圓挺或是端正。

6 最後發酵

放置在溫暖的蒸籠內進行最後發酵，注意間隔，和鍋邊保持距離。當測量用麵團的頂部膨脹至起始點約 1.7 倍高時（此刻約為 40ml），可判斷已完成發酵。

---- Tips ----

判斷最後發酵完成的時機是體積膨脹至約 1.7 倍大。長型饅頭的側邊切面會凸出來一點，麵團表面泛粉白光滑，用手指沾點麵粉，再用手指腹去輕按麵團腰身，乾爽不會黏手，麵團會慢慢回彈。如果很快就彈回來表示發酵不夠，若是彈不回來就是過發。一般野酵饅頭所需發酵時間約在 1～2 小時左右。最方便的方法就是在成形時留一小塊麵團，放在量杯中，和其他麵團一起發酵，看看麵團長大情形，約是原來麵團的 1.7 倍高就可以判斷已完成發酵。

7 入籠水蒸

電鍋外鍋放入 1.5 杯的量米杯水，冷水起蒸所需要的時間約是 20 ～ 23 分鐘。時間到不要馬上開蓋，開關跳起後約等 5 分鐘即可掀蓋享用。

✤ 野生酵母製作饅頭類麵食的注意要點

1. **三種麵食基本配方比例的問題**：製作中華饅頭、花捲、包子和水煎包的麵團，在配方和做法上，基本上大同小異。基本麵團配方，以製作 6 粒小饅頭來說，中筋麵粉為主、酵種（佔約 40 ～ 50%）、水（佔約 40 ～ 45%）、鹽約 0.1%、糖（建議放入少許的糖才能順利發酵）。不一定要放油，放了油口感較為鬆軟。

2. **有關基礎發酵的問題**：用商業快速酵母做這三種麵食一般可省略第一次發酵（基發），但若用野生酵母製作，考量酵力不如商酵強，加上發酵時間長，發酵高峰來的慢，所以建議還是確實完成第二次發酵（基礎發酵加上最後發酵），才能做出口感佳的成品。另一種方法是省略基發（此方法多是在夏天天氣熱時，利用分次靜置來取代基發）。若考慮時間上的調配，可先揉好後靜置一下，放入冰箱低溫保存約 1 晚做基發，隔天取出回溫再操作。

3. **水量大約要多少的問題**：一般用商業快速酵母製作的話，包子、饅頭和水煎包麵團的添加水量一般都在 50% 左右（不考慮麵粉吸水性差異的問題）。但若是利用野生酵母製作，考慮酵種在續養的過程中都會有出水的情況，添加水量佔粉類比例減至約 40 ～ 45% 左右。利用分次混合粉水的手法，先在全量水中取出 20% 左右的水備用，在攪拌中途，積累在麵盆底部的麵粉再加入剩下的 20% 水量，再次攪拌至成團。野生酵母因為每個人做出來的酵種稠稀度不同，所以建議用 5% 的水量做調整，一邊攪拌一邊添水，最後再做調整，揉成軟硬度比耳垂肉稍硬為佳。

4. 哪一種麵粉適合做這三種麵食：製作中華麵食一般都是使用中筋麵粉，但在日本很少有所謂的「中筋」麵粉，也可用同比例的高筋和低筋麵粉混合，也可用全量高筋，只是口感有些許差異，取決於個人偏好。用不同性質的麵粉時，製作之前要均勻混合粉類。

5. 砂糖和油並非必要材料：但以野生酵母製作時，強烈建議放入少許的糖，以促進發酵，分量是 2 ～ 5% 左右即可。添加油類可使麵團更為光滑有彈性，吃起來較為鬆軟容易咀嚼，分量是 3% 左右，較適合老人和小孩的口感。

6. 蒸出來的成品表面皺皮：一般純手工製作的中華麵食，如蒸好的饅頭上會出現少許的皺紋是正常的現象，但若是蒸出來的成品出現嚴重皺巴巴的表皮，原因主要是成形時沒有確實擀壓出氣泡，或成形施力過重導致麵團受傷破碎，或蒸畢馬上開蓋導致急速熱脹冷縮，或過度發酵等等，從多次製作中得出經驗值，才能找出原因。

7. 蒸出來的成品麵皮硬縮：最明顯的原因就是麵團沒有充分發酵，麵皮硬綁綁如橡皮，即常說的「死麵」，使用了活力不佳的酵種，或是根本酵種就沒有培養成功，是主要的失敗關鍵。

小麥胚芽饅頭

發酵程度　無　低　中　高
操作難度　★ ★ ★ ☆ ☆

發酵種結構　酸種冰塊　老麵丸子
（高筋白麵粉續種）

酵液

酵種　　老麵

老麵有強化筋性、增添風味、緊實口感的效果，讓麵團經過長時間發酵也不攤軟。酵種和老麵雙效合一所蒸出來的饅頭，帶著獨特的咬勁和渾厚的風味，非常適合「山東饅頭」愛好者的口味。此款饅頭把焙煎過的小麥胚芽加入麵團中，增添食物纖維和營養，養生與美味兼具。

材料　分量：6 粒		
高筋白麵粉	150g	100%
低筋白麵粉	150g	
酵種	100g	33.3%
老麵	100g	33.3%
水	130cc	43.3%
小麥胚芽粉（焙煎）	15g	5.0%
砂糖（白細砂）	10g	3.3%
鹽	4g	1.3%
合計	659g	219.7%
其他		
手粉（防沾黏）		適量
沙拉油（防乾燥）		適量

附帶道具

蒸籠

製作時間

直接法：約 5 小時

準備工作

1. 預備好新鮮酵種（酸種冰塊酵種製作方法請參考 P.85）。
2. 預備好常溫老麵丸子（老麵丸子製作方法請參考 P.90）。
3. 計算水溫（夏天可用冷水，春秋用常溫水，冬天用溫水）。

製作流程

混合揉麵
10 分鐘

▼

靜置
10 分鐘

▼

第二次揉麵
5 分鐘

▼

靜置
10 分鐘

▼

第三次揉麵
3 分鐘

▼

基礎發酵
1.5 小時

▼

分割滾圓
20 分鐘

▼

排氣成形
10 分鐘

▼

最後發酵
1 小時

▼

入籠水蒸
20 分鐘

1 混合揉麵

預先將老麵切成小塊。
將酵種、水、砂糖放入
麵盆中混合，分次加入
麵粉和切成塊的老麵，
攪拌成團後，揉至三光。
蓋上溼布靜置 10 分鐘。

2 靜置揉麵

麵團做法同原味白饅頭
（請參考 P.253）。

3 基礎發酵

放置室溫溫暖處發酵至
1.7 倍大。

4 分割滾圓

分割成 6 等分，切下一
小部分約 30g 的小麵團
（做測量發酵程度用），
麵團排氣滾圓收口。

259

5 排氣成形

5-1

擀壓出氣泡，把麵皮收
向中心，搓成上圓下尖
的雞蛋型。

5-2

整形好的麵團分別放在
烘焙紙上，小麵團放入
容器中用擀麵棒壓平，
記錄起始高度（30ml）。
再一起放在蒸籠內進行
最後發酵。

6 最後發酵

當容器中小麵團的頂點
處增高至起始點的 1.7
倍高（50ml）時，即發
酵完成，準備水蒸。

7 入籠水蒸

電鍋外鍋放入 1.5 杯的
量米杯水，冷水起蒸 20
分鐘。開關起跳後約等
5 分鐘即可掀蓋享用。

紫薯雙色饅頭

發酵程度　無　低　中　高

操作難度　★ ★ ★ ★ ☆

發酵種結構　**蘋果酵種**
（高筋白麵粉起續種）

酵液
酵種　老麵

將營養豐富、色澤鮮豔的紫薯加入麵團中，小麥的麵香和紫薯的甘甜融合為一，吃起來適中的彈牙口感下帶著一分香潤鬆軟，紫白相間的花紋，讓饅頭集合夢幻與美味於一身。

材料　分量：6 粒		
白色麵團		
高筋白麵粉	110g	100%
低筋白麵粉	50g	
酵種	80g	50.0%
水	70cc	43.8%
砂糖（白細砂）	10g	6.3%
鹽	3g	1.9%
合計	**323g**	**201.9%**

紫色麵團		
高筋白麵粉	120g	100%
紫薯泥餡	100g	83.3%
酵種	70g	58.3%
水	40cc	33.3%
鹽	2g	1.7%
合計	**332g**	**276.7%**
其他		
手粉（防沾黏）		適量
沙拉油（防乾燥）		適量

附帶道具

蒸籠

製作時間

直接法：4 小時

準備工作

1. 預備好新鮮酵種（蘋果酵種方法請參考 P.56）。
2. 麵粉混合備用、預備好紫薯泥餡（紫薯泥餡製作方法請參考 P.144）。
3. 秤量材料、計算水溫（夏天可用冷水，春秋用常溫水，冬天用溫水）。

製作流程

混合揉麵
10 分鐘

▼

靜置
10 分鐘

▼

第二次揉麵
5 分鐘

▼

靜置
10 分鐘

▼

第三次揉麵
3 分鐘

▼

基礎發酵
1.5 小時

▼

成形分割
30 分鐘

▼

最後發酵
1 小時

▼

入籠水蒸
20 分鐘

1 混合揉麵

將白色麵團和紫色麵團的材料放入各別的麵盆中攪拌，手揉至初步三光。將揉畢的麵團蓋上溼布靜置 10 分鐘，再次揉麵，此靜置揉麵動作重覆 2 次，至麵團光滑有彈性。

-------- **Tips** --------

紫薯因品種、季節關係，做出來的泥餡含水量和溼潤度不同，請酌情調整水量，製作方法請參考 P.144。

2 基礎發酵

放置溫暖處發酵至 1.7 ～ 2 倍大。

3 成形分割	**4** 最後發酵

3-1

分別將麵團擀成長約 38 公分，寬約 26 公分的長條狀麵皮。白色麵皮在下，紫色麵皮在上重疊，用擀麵棒在麵皮表面上滾動數下，將麵皮貼合。

放在溫暖的蒸籠內，注意間隔，和鍋邊保持距離，進行最後發酵。

5 入籠水蒸

3-2

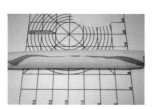

捲成直條棒狀，捏緊收口，滾動麵團使厚度一致。切割成等長的麵團，左右端壓成圓餅狀，即圓餅形饅頭。切齊的麵團輕沾手粉，再次用雙手搓擠底部，讓形狀儘量呈倒梯形（有助於發酵後保持挺立），即長條形饅頭。

電鍋外鍋放入 1.5 杯的量米杯水，冷水起蒸 20 分鐘。約等 5 分鐘後即可掀蓋享用。

香葱芝麻花捲

發酵程度　無　低　中　高

操作難度　★ ★ ★ ☆ ☆

發酵種結構　**優格酵母粉**
（高筋白麵粉還原續種）

酵液　酵種　老麵

花捲是饅頭的一種變化型，層層折折的紋路捲成如一朵美麗的花苞，而彈牙的口感中充滿青葱和芝麻香氣，是極為討喜又美味的中華麵食。

材料 分量：6 粒		
高筋白麵粉	150g	100%
低筋白麵粉	150g	
酵種	120g	40.0%
水	130cc	43.3%
砂糖（白細砂）	10g	3.3%
沙拉油	10g	3.3%
鹽	3g	1.0%
合計	573g	191.0%
其他		
細鹽		少許
香油		適量
葱花		適量
白芝麻粒		適量
手粉（防沾黏）		適量

附帶道具

蒸籠

製作時間

直接法：4 小時

準備工作

1. 預備好新鮮酵種（優格酵母粉還原酵種方法請參考 P.82）。
2. 秤量材料、沙拉油可以省略（加油較鬆軟，不加油較為紮實有咬勁）。
3. 計算水溫（夏天可用冷水，春秋用常溫水，冬天用溫水）。

製作流程

混合揉麵
10 分鐘

▼

靜置
10 分鐘

▼

第二次揉麵
5 分鐘

▼

靜置
10 分鐘

▼

第三次揉麵
3 分鐘

▼

基礎發酵
1.5 小時

▼

擀麵成形
30 分鐘

▼

最後發酵
1 小時

▼

入籠水蒸
20 分鐘

| 1 | 混合揉麵 |

▼

| 2 | 靜置揉麵 |

▼

| 3 | 基礎發酵 |

揉麵成一顆表面光滑有彈性的圓球狀麵團後，進行發酵。

| 4 | 擀麵成形 |

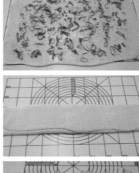

將發酵完成的麵團擀成約 0.6 公釐（mm）左右的長條型麵皮。正反面都

要擀到，從中間向上下左右擀開，擀到底把氣泡擀出來。在麵皮上均勻塗上香油，撒入蔥花、白芝麻粒和少許的細鹽。上下對折，壓出氣體。用刀切成 6 等分，每等分再切劃出 6 道刀紋後對折，拉開兩端，成細長條狀，靜置 5 分鐘後再拉 1 次，拉到約 15 公分長。捲在筷子上，向下收好收口，抽出筷子，將整好的麵團放在烘焙紙上，再放入溫暖的蒸爐中準備最後發酵。

| 5 | 最後發酵 |

放在溫暖的蒸籠內，注意間隔，和鍋邊保持距離，進行最後發酵。

| 6 | 入籠水蒸 |

電鍋外鍋放入 1.5 杯的量米杯水，冷水起蒸 20 分鐘。開關跳起後，約等 5 分鐘即可掀蓋享用。

茄汁照燒肉丸包子

發酵程度 無 低 中 高
操作難度 ★★★★☆

發酵種結構 **白酸種**

酵液
酵種　老麵

製作青椒鑲肉時的肉餡再利用，做成漢堡肉丸子，以茄汁照燒醬汁煮至入味，包進麵皮中，一口咬下，香郁的醬汁和燒至入味的肉丸融合為一，鹹鹹甜甜照的照燒帶著微酸的蕃茄風味，和鬆軟Q彈的麵皮真是絕佳對味，是款老少皆宜全家都愛吃的不敗肉包。

材料 分量：6粒		
包子麵團		
高筋白麵粉	140g	100%
低筋白麵粉	100g	
酵種	110g	45.8%
水	100cc	41.7%
砂糖（白細砂）	5g	2.1%
鹽	3g	1.3%
合計	**458g**	190.8%
青椒鑲肉肉餡丸子		
（製成分量中取6顆為包子內餡）		
牛豬混合絞肉（細）	500g	
洋蔥（中）	1顆	
燕麥片	20g	
雞蛋	1顆	

鹽	1小匙
酒	1大匙
肉豆蔻粉	1小匙
白胡椒粉、黑胡椒粉	少許
青椒（小）	6顆
調味醬汁	
蕃茄醬	2大匙
醬油	1.5大匙
味醂	1大匙
水	4大匙
砂糖	2小匙
太白粉	1大匙
其他	
沙拉油（炒煎用）	適量
手粉（防沾黏）	適量

附帶道具

平底鍋、蒸籠

製作時間

直接法：5 小時

準備工作

1. 預備好新鮮酵種（白酸種製作方法請參考 P.71）。
2. 事先製作好肉餡丸子（以熟肉餡為原則）。
3. 計算麵團水溫（夏天可用冷水，春秋用常溫水，冬天用溫水）。

製作流程

製作內餡
1 小時

混合揉麵
10 分鐘

靜置
10 分鐘

第二次揉麵
3 分鐘

基礎發酵
2 小時

擀麵包餡
30 分鐘

最後發酵
1 小時

入籠蒸熟
20 分鐘

1 製作青椒鑲肉丸子

將青椒頭部切掉，中間挖空，洗淨切成中空圓段備用。將洋蔥切細丁，把青椒頭部切下來的部分，去掉黑色的蒂頭，把四周可食用的部分切細丁，和洋蔥丁一起混合放入鍋中（沙拉油熱鍋）炒至透熟取出備用成 A。將絞肉加入燕麥片攪拌，加入 A，和其他全部餡料一起混合攪打至肉餡發白為止。分成每顆約 50 公克的肉丸子，若想吃青椒鑲肉，則是把肉餡塞入切好的

青椒中，若是做成肉包用的小丸子，則是直接下鍋調理，兩種都是香煎至兩側呈金黃上色後，加入醬汁煮至收乾。可事先將肉丸子做好放入冰箱冷藏保存，隔天製作肉包，多剩的肉丸子可放入冷凍庫保存。煮好的肉丸子取出 6 顆放涼備用。

─────── Tips ───────

此肉餡加入即食燕麥片，為了增加營養及食物纖維，幫助肉餡緊實，更有利吸收醬汁和水氣。此道青椒鑲肉或肉丸子適合做為主菜、便當菜，一次做多點冷凍保存非常方便。

2 製作麵團

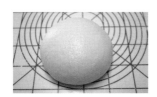

混合麵團材料，揉麵至三光，靜置 10 分鐘。重覆揉麵至三光，放置溫暖處發酵約 2 小時。

─────── Tips ───────

白酸種容易出水，麵團的水量要適當調整，白酸種的酵力較為弱慢，注意發酵環境的溫度是否足夠溫暖，以及是否確實完成基礎發酵。

3 擀麵包餡

3-1

將麵團分成 6 等分。

3-2

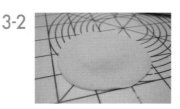

再分別擀成中間厚四周薄的麵皮。

3-3

取一張麵皮，包入步驟 1 肉丸子。

3-4

一手抓住麵皮的邊緣，一手托著包子底部。

3-5

接著用右手大姆指及食指依逆時針方向把麵皮

捏出摺子。

3-6

收口捏緊成一個小口。

4 最後發酵

放在溫暖的蒸籠內，注意間隔，和鍋邊保持距離，進行最後發酵。

5 入籠蒸熟

電鍋外鍋放入 1.5 杯的量米杯水，冷水起蒸 20 分鐘。開關起跳後，約等 5 分鐘即可掀蓋享用。

❖ 百分之百野生酵母製作鮮肉包子的注意重點

　　無添加任何商業酵母粉、泡打粉等，只使用百分之百自製野生酵母做「鮮肉」包子，我個人不建議。

　　原因出在野生酵母的發酵力問題。如果是用一般商業快速酵母製作肉包子，發酵力安定，只要溫度、溼度和時間等控制恰當，一般來說，發酵時間最多不會超過 1 小時。但是自家製的野生酵母發酵力缺乏安定性，不可控制的變數非常多，是不是可以在預測的時間完成發酵，是說不準。

　　這就會讓做鮮肉包子產生一個課題──食物衛生。

　　包子內部的鮮肉內餡，因為是尚未加熱的生肉，如果在溼熱環境下靜置超過 1 小時以上，就很可能滋生細菌，鮮肉內餡甚至也會發生腐壞情形。野生酵母在後發階段，以我個人經驗，發至 2 ～ 3 小時的情形都有，甚至冬天還有可能更長，所以我個人保持的原則是：

1. **用熟食餡代替鮮肉餡**：先將肉餡部分加熱煮熟再包入麵皮中發酵，例如可以先製作成醬油風肉丸子，或是紅燒燉肉、薑汁燒肉、咖哩肉塊等等，都是不錯的選擇。

2. **選擇涼爽的秋冬製作**：儘量縮短製作時間，肉餡提早在前晚就做好，加快成型時間。而麵團利用保溫性高的電鍋進行後發。

把握以上原則，也可以做出安全又美味的「百分之百野酵包子」！

馬鈴薯燉肉包子

發酵程度　無　低　中　高

操作難度　★ ★ ★ ★ ☆

發酵種結構　**裸麥酸種**

酵液　老麵　**酵種**

將日式家常菜馬鈴薯燉肉（肉じゃが）做為內餡包入麵皮中，一口咬下，滑口鬆軟的馬鈴薯、香甜的洋蔥和醬燒入味的肉片，包覆著鹹甜濃郁的湯汁，吃起來鮮嫩多汁。利用酸種製作的麵皮，帶著深厚的麥香，變化出多層次風味的美味包子。

材料　分量：6 粒

包子麵團

材料	分量	百分比
高筋白麵粉	210g	100%
低筋白麵粉	50g	
酵種	100g	38.5%
水	120cc	46.2%
砂糖（白細砂）	5g	1.9%
鹽	3g	1.2%
合計	488g	187.7%

馬鈴薯燉肉
（製成分量中取部分做成內餡）

豬肉片（散碎狀）	350g
馬鈴薯（中）	2 粒
洋蔥（大）	1 粒
醬油	3.5 大匙
糖	1.5 大匙
酒	1 大匙
水	350cc
白胡椒粉、黑胡椒粉	少許
鹽（調整用）	1 小匙

醃肉料

鹽	1 小匙
酒	1 大匙
白胡椒粉	少許
太白粉（入鍋前）	1 大匙

其他

沙拉油（炒香用）	1 大匙
手粉（防沾黏）	適量

273

附帶道具

湯鍋、蒸籠

製作時間

直接法：5 小時

準備工作

1. 預備好新鮮酵種（裸麥酸種製作方法請參考 P.71）。
2. 提前做好燉肉放涼備用。
3. 計算麵團水溫（夏天可用冷水，春秋用常溫水，冬天用溫水）。

製作流程

製作內餡
40 分鐘
▼
混合揉麵
10 分鐘
▼
靜置
10 分鐘
▼
第二次揉麵
3 分鐘
▼
基礎發酵
1.5 小時
▼
擀麵包餡
30 分鐘
▼
最後發酵
1.5 小時
▼
入籠蒸熟
20 分鐘

1 製作燉肉

馬鈴薯去皮和芽，切成塊，水煮至八分熟，撈起備用。豬肉片切成適當的大小，加入醃肉料醃 10 分鐘。洋葱切絲，鍋中放入沙拉油 1 大匙熱鍋，放入洋葱拌炒至透亮，推向鍋子一側，再將醃好的豬肉加入太白粉揉幾下，放入鍋中一側拌炒，待肉表面變色之後，加入馬鈴薯、酒、水、醬油、糖，待煮汁滾開，撈去表面浮渣和肉沫。烘焙紙中央剪個洞，整張蓋在食材上，轉中小火慢煮約 10 分鐘。取掉烘焙紙後，

嚐味道再調味，加入胡椒粉，不夠鹹可再加鹽調整。轉大火搖晃鍋身，稍微收乾醬汁，即可關火盛盤。取出肉包餡量，放溫涼備用。

········· Tips ·········
基本上馬鈴薯燉煮的過程中，儘量不要多次翻動它。煮汁的量一定要超過食材，這是調理的重點。取出肉包所需的肉餡分量，放至微溫備用。事先將較大的薯塊、洋蔥和肉片切成適當細丁，有易操作。

2　製作麵團

做法同原味白饅頭（請參考 P.253）。

3　擀麵包餡

將麵團分成 6 等分。分別擀成中間厚四周薄的麵皮。取一張麵皮，包入步驟 1 馬鈴薯燉肉餡（已濾過汁液），收口捏緊。

4　最後發酵

放在溫暖的蒸籠內，注意間隔，和鍋邊保持距離，進行最後發酵。

5　入籠蒸熟

電鍋外鍋放入 1.5 杯的量米杯水，冷水起蒸 20 分鐘。開關起跳後，約等 5 分鐘即可掀蓋享用。

農家素菜水煎包

發酵程度　無　低　中　高

操作難度　★★★★☆

發酵種結構　**蘋果酵母**

（高筋白麵粉起續種）

酵液

酵種　老麵

日本山間農家的鄉土麵食，即是利用曬乾的蘿蔔絲和根莖類、豆類炒成的菜餡，包入麵皮中，再用平底鍋香煎成美味的圓餡餅。而中華麵食中也有類似的水煎菜包，將此款菜包整形成討喜的葉片狀，一口咬下菜香四溢，蔬菜的清甜融合著鬆軟的麵皮，是款純樸道地的鄉土小吃。

材料　分量：7 粒		
高筋白麵粉	100g	100%
低筋白麵粉	100g	
酵種	120g	60.0%
水	80cc	40.0%
砂糖（白細砂）	5g	2.5%
鹽	3g	1.5%
合計	408g	204%
炒素菜材料 （製成分量中取部分做成內餡）		
紅蘿蔔絲（新鮮）	200g	
白蘿蔔皮（曬後半乾）	200g	
煮熟黃豆	400g	

蘿蔔乾細絲（市售乾燥）	120g	
醬油	3 大匙	
鹽	2 小匙	
糖	1 大匙	
水	350cc	
味噌	2 大匙	
味精	少許	
其他		
沙拉油（炒菜用）	1 大匙	
沙拉油（香煎用）	2 大匙	
芝麻香油（香煎用）	2 小匙	
手粉（防沾黏）	適量	

附帶道具

平底煎鍋、蒸籠

製作時間

直接法：約 3 ～ 4 小時

準備工作

1. 預備好新鮮酵種（蘋果酵種方法請參考 P.56）。
2. 事先製作好素菜餡料，放溫涼備用。
3. 計算水溫（夏天可用冷水，春秋用常溫水，冬天用溫水）。

製作流程

製作素菜餡
30 分鐘
▼
混合揉麵
10 分鐘
▼
靜置
10 分鐘
▼
第二次揉麵
3 分鐘
▼
基礎發酵
2 小時
▼
擀麵包餡
30 分鐘
▼
最後靜置
30 分鐘
▼
入籠水蒸
15 分鐘

1　製作素菜餡

將蘿蔔乾細絲泡水軟化後擠乾水氣，鍋中加入沙拉油熱鍋，加入紅蘿蔔絲、白蘿蔔絲、泡軟蘿蔔乾細絲拌炒，加水上蓋煮滾，再加入所有調味料，中小火煮約 8 分鐘，至醬汁略收至剩下三分之一即可。從做出來的炒素菜中取出此款水煎包所需要的分量放涼備用。

.... **Tips** ....

日本山間農家常利用曬乾的蘿蔔絲、蔬菜乾、豆類做成內餡，包入麵團中，煎或蒸成圓餡餅，名為おやき。內餡可按個人喜好，一般以高麗菜、大白菜、雪菜等蔬菜，或根莖類、豆類為主，或利用多餘的剩菜做為內餡。菜餡一定要放涼至 30℃ 左右，若是從冰箱拿出來，也要加熱至微溫，太冰太熱的內餡都會影響發酵。另外，包入麵皮前一定要把菜餡的水氣濾乾或擠乾，才不會沾溼麵皮。

2　製作麵團

麵團做法同原味白饅頭（請參考 P.253）。

3　擀麵、包餡

3-1

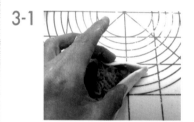

將麵團分成 7 等分。分別擀成圓麵皮。取 1 張麵皮，包入步驟 1 菜餡（每份約 1.5 大匙）。

3-2

抓住麵皮的一邊折起尖角，再從右至左依序捏出折痕，成葉片狀。

3-3

折痕朝上，排放入已塗好油（約 2 大匙沙拉油）的平底鍋中。

4　最後靜置

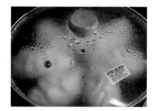

蓋上鍋蓋，室溫靜置約 30 分鐘。

-------------- Tips --------------

水煎包只需一次基礎發酵。入鍋前只需短時間靜置即可開始水煎。

5　入鍋煎熟

5-1

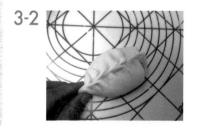

開中火熱鍋 2 分鐘之後，翻開其中 1 粒麵團查看底部，略呈金黃上色即可倒入清水，水量以倒至麵團的一半高為準。蓋上蓋子，轉中大火，當水滾發泡淹過麵團快流出鍋蓋時，將蓋子移開一點縫，轉中火續煎 6 分鐘。

5-2

打開蓋子讓水氣蒸散，等鍋底水氣完全消失後，從鍋邊淋上少許的香油，再續煎至水煎包底部香脆成硬皮，即可取出盛盤。

香蔥軟燒餅
脆皮蔥油餅

發酵程度　無 低 中 高

操作難度　★ ★ ★ ☆ ☆

發酵種結構 **蘋果酵種**
（高筋白麵粉起種）

酵液

酵種　老麵

　　蔥花和麵團的結合為中華平民小吃中最受歡迎的食材，大江南北走一回，缺一不可的就是蔥香味十足的蔥燒餅。利用發麵讓蔥燒餅吃起來鬆軟中帶著Ｑ彈，同一麵團再擀成薄餅，高溫烘烤成香香脆脆的蔥油餅，一麵團兩吃法，大大滿足愛蔥食客的心。

材料		
分量：香蔥軟燒餅 6 粒、脆皮蔥油餅 1 片		
高筋白麵粉	150g	100%
低筋白麵粉	150g	
酵種	120g	40%
水	150cc	50%
砂糖（白細砂）	10g	3.3%
沙拉油	6g	2%
鹽	3g	1%
合計	589g	196.3%

蔥花餡	
芝麻香油	2 小匙
蔥花	1 碗
白胡椒粉	適量
細鹽	適量
其他	
芝麻香油（表面裝飾）	2 小匙
白芝麻粒（表面裝飾）	適量

附帶道具

烤盤、烘焙紙

製作時間

直接法：約 4 ～ 5 小時

準備工作

1. 預備好新鮮酵種（蘋果酵種製作方法請參考 P.56）。
3. 計算水溫（夏天可用冷水，春秋用常溫水，冬天用溫水）。

製作流程

混合揉麵
10 分鐘

靜置
10 分鐘

第二次揉麵
5 分鐘

靜置
10 分鐘

第三次揉麵
3 分鐘

基礎發酵
1.5 小時

成形加工
20 分鐘

最後發酵
1 ～ 1.5 小時

入爐烘烤
30 分鐘

---

1 製作麵團

▼

2 基礎發酵

麵團做法同原味白饅頭（請參考 P.253）。

3 成形加工

3-1

用擀麵棒將麵團擀成平整的長方形麵皮，表面平均塗抹上 2 小匙香油，撒上葱花、胡椒粉和細鹽。

3-2

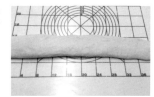

將麵皮由上到下捲成圓筒狀，再用擀麵棒壓成直條狀。

切成等寬的長方塊狀,表面沾上白芝蔴粒,排放在烘焙紙上。另外左右兩端的麵塊合而為一做成脆皮蔥油餅,擀成薄的圓麵皮,放在烘焙紙上。

4　最後發酵

放置溫暖處發酵,脆皮蔥油餅發酵時間約1小時。香蔥軟燒餅發酵1.5小時。預熱烤箱和烤盤300℃。

5　入爐烘烤

先烘烤脆皮蔥油餅,麵皮上塗上2小匙香油,利用厚紙板或是披薩鏟將麵皮連同烘焙紙推送入烤箱內,250℃烤12分鐘取出。再放入香蔥軟燒餅麵團,200℃烤18分鐘。

古早味芝麻燒餅 蔬菜捲餅

| | 無 | 低 | 中 | 高 |

發酵程度 | 無 低 中 高
操作難度 | ★ ★ ★ ★ ☆

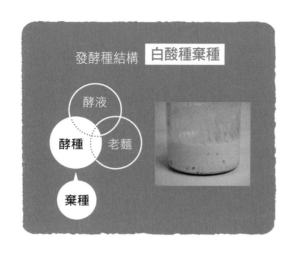

發酵種結構　**白酸種棄種**

酵液　老麵

酵種

棄種

　燒餅、捲餅、蛋餅，其實都可以用「一個麵團」做出來。將製作酵種時的「棄種」再利用，不需發酵。炒香的酥油加入燙麵團中擀折，製造出酥脆的層次感，擀至極薄的餅皮可烤、可烙、可煎，變身成燒餅、捲餅、蛋餅。夾入油條、煎蛋、蔬菜、火腿等各種食材都十足對味，可說是人人皆愛的中式小吃。

材料 分量：約 12 片		
中筋麵粉	340g	100%
熱開水（約 90 度）	170cc	50.0%
棄種	100g	29.4%
沙拉油	12cc	3.5%
鹽	3g	0.9%
酥皮層		
低筋白麵粉	90g	26.5%
豬油	60g	17.6%
合計	**775g**	**227.9%**

其他	
黑（白）芝麻粒	適量
捲餅夾心食材	
雞蛋	2 粒
生菜	4 葉
海苔	4 片
起司片	2 片
新鮮蕃茄	4 片
胡椒鹽	少許
美乃滋	適量

附帶道具

烤盤、平底鍋

製作時間

直接法：約 2 小時

準備工作

1. 預先準備好常溫棄種
   （白酸種製作方法請
   參考 P.71）。
3. 準備好各式材料。

製作流程

製作酥油層
5 分鐘

製作主麵團
30 分鐘

成形加工
40 分鐘

入爐烘烤
18 分鐘

入鍋煎烙
10 分鐘

製作蔬菜捲餅
15 分鐘

1　製作酥油層

將酥皮層材料中的豬油
放入鍋中，小火加熱融化
至起油泡後關火，加入過
篩的低筋麵粉，拌炒至光
滑濃稠狀。拌炒好的酥
油，要用保鮮膜壓好或用
蓋子蓋好，以防乾燥。

--------- Tips ---------

酥皮的油脂是利用自製
豬油，也可以使用奶油
或是沙拉油，但是豬油
會散發一種特別的香氣，
讓餅皮更為酥香美味。

2　製作主麵團

將主麵團的麵粉放在麵
盆中，加入鹽混合，再
倒入熱開水（約 80 ～
90℃）攪拌，再加入棄
種、沙拉油。將麵團揉成
三光，靜置 10 分鐘，再
揉 2 分鐘，使麵團表面
更為緊實光滑。放回麵盆
內，再靜置 15 分鐘。

--------- Tips ---------

製作酵種過程中的棄種，
若是活性不佳的酵種也
都可以使用。

3　成形加工

3-1

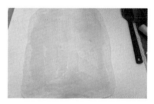

將麵團擀成長方型麵皮。
厚度約在 0.3 ～ 0.5 公
分左右。把油酥倒在麵皮
上，用刷子塗平均。

3-2

麵皮捲成直筒狀，左右兩
端收緊。切成等寬的段
狀。每段左右兩端黏合收
緊成丸子狀。

3-3

麵塊用擀麵棒擀平之後折成三折，再轉 90 度重覆擀折。按順序輪流，每粒麵團都重覆此動作，輪流做 3 回。

3-4

燒餅：擀好的麵皮表面沾溼毛巾之後，再沾黏上芝蔴粒。用擀麵棒把有芝蔴的一面擀平成明信片大小的長方形麵皮。

捲餅：擀成 22cm*18cm 的長方形麵皮。儘量把餅皮擀薄，擀到極薄狀，口感才會香脆。

································ **Tips** ································

做好的餅皮可以用保鮮膜包起放入冰箱冷凍，烘烤或是煎烙之前自然解凍即可。

4　入爐烘烤

燒餅並排在烤盤的烘焙紙上，放入 250℃ 預熱烤箱之後，轉 200℃ 烤 18 分鐘。

································ **Tips** ································

剛出爐的燒餅，對切之後，加入像油條、葱蛋、苜蓿芽和生菜都很對味，是最庶民的中華小吃。

5　入鍋煎烙

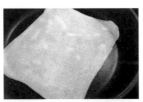

在平底煎鍋上塗上薄油中火熱鍋，將擀好的餅皮平放至鍋中。轉至中小火煎至表面起泡後翻面，兩面共花約 3 分鐘，然後取出備用。總共煎烙 2 片。

6　製作蔬菜捲餅

將雞蛋打散，加入少許胡椒鹽混合後，各煎成 2 片蛋皮備用。在煎烙好的餅皮上塗上美乃滋，夾入生菜、蛋皮、海苔、起司片、蕃茄片，然後捲起來享用即可。

································ **Tips** ································

同一餅皮也可以做成蛋餅，煎烙好的餅皮取出後，在同一個鍋中，加入少許油，打一個蛋，將蛋黃弄破，上面撒點鹽。將之前煎好的餅皮蓋在蛋上，然後用煎匙翻面，再用煎匙將餅皮捲起來，就是原味蛋餅。

精緻可口
的點心蛋糕

製作流程

準備材料道具
20 分鐘

▼

製作蛋黃糊
10 分鐘

▼

製作蛋白霜
8 分鐘

▼

混合材料
5 分鐘

▼

入模
3 分鐘

▼

入爐烘烤
30 分鐘

1　準備材料道具

準備道具：烤模裡舖好烘焙紙。烤箱先預熱200℃。

準備材料：將葡萄乾酵渣放入果汁機略打成泥。將黑糖和熱水混合融化成黑糖液放涼備用。雞蛋分成蛋黃和蛋白，分別放入不同麵盆中。

2　製作蛋黃糊

2-1

蛋黃用攪拌器打散後，慢慢加入沙拉油和蘭姆酒，攪打成略呈美奶滋的顏色即可。分次加入黑糖液混合攪拌，最後放入葡萄乾酵渣泥攪拌均勻。

-------- Tips --------

果乾培養酵液所濾出的酵渣可以再利用，像龍眼乾、無花果、椰棗等等都可以。

2-2

加入米粉攪拌均勻成蛋黃糊備用。

-------- Tips --------

米粉質地細緻，不需過篩。因無筋性，不用擔心過度攪拌會出筋性的問題。

3　製作蛋白霜

開始打發蛋白。蛋白裡放入一點點的鹽（兩個手指頭捏住的量），用電動攪拌器打至五分發後，加入半量砂糖，再打發至出現小彎勾，最後再加入半量砂糖，打至出現彎勾至直立之間的狀態。再轉至低速慢慢將泡泡整細密。

4　混合材料

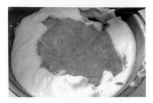

換手動攪拌器，將蛋白的半量加入蛋黃麵糊中，充分拌勻。動作輕快，避免蛋白消泡，然後整個重新倒回剩下半量蛋白的麵盆中，再次均勻拌開，直到成為質地均勻的蛋糕糊。

5　入模

將蛋糕糊倒入烤模中，將模往下向桌面震兩下，送入烤箱。

6　入爐烘烤

180℃烤 5 分鐘，再調至 170℃烤 25 分鐘，

總共 30 分鐘。用牙籤插入蛋糕中心，若無麵糊沾黏即可出爐。出爐後，向桌面輕震兩下倒扣在架上，以防收縮。放涼後即可脫模。表面撒上些許粉糖享用。

·············· **Tips** ··············

和一般添加泡打粉或小蘇打粉的蛋糕不同，膨脹高度較不明顯，口感較為溼潤 Q 彈，靜置半日以上再享用，風味更沈穩可口。

蘋果風味戚風蛋糕

發酵程度　無 低 中 高

操作難度　★ ★ ★ ☆ ☆

發酵種結構　新鮮蘋果酵母酵渣

酵渣
酵液
酵種　老麵

把培養蘋果酵母濾出來的蘋果果肉再利用，加入戚風蛋糕之中，經過長時間發酵過的蘋果果肉愈發充滿迷人的果香，增添沈穩香醇的熟成風味，軟軟綿綿，細細柔柔，入口即化。

材料　分量：1個（直徑 20cm，高 9cm）	
低筋白麵粉	120g
蘋果酵渣	150g
砂糖（白細砂）	80g
葵花籽油	50g
蘋果酵液	30cc
蘭姆酒	5cc
新鮮雞蛋（M）	7 粒
鹽	兩指捏量
其他	
新鮮蘋果（裝飾用）	半顆
檸檬皮屑（裝飾用）	適量
蜂蜜（裝飾用）	適量

附帶道具

圓型中空戚風蛋糕模（高 9cm，直徑 20cm）

製作時間

約 1.5 小時

準備工作

1. 預備好蘋果酵母酵渣及酵液。
2. 準備好道具與材料。

製作流程

製作流程

準備材料道具
20 分鐘

↓

製作蛋黃糊
10 分鐘

↓

製作蛋白霜
8 分鐘

↓

混合材料
5 分鐘

↓

入模
3 分鐘

↓

入爐烘烤
35 分鐘

1　準備材料道具

烤箱預熱 200℃。將酵渣和酵液放入果汁機略攪打成泥。雞蛋分成蛋黃和蛋白，分別放入不同麵盆中。蛋白盆可先放入冰箱冷藏，有助打發。

2　製作蛋黃糊

2-1

蛋黃用攪拌器打散後，慢慢加入沙拉油和蘭姆酒，攪打成略呈美奶滋的顏色即可。分次加入蘋果酵渣混合攪拌均勻。

2-2

低筋麵粉過篩後，加入麵粉攪拌均勻成蛋黃糊備用。

······ Tips ······

注意勿過度攪拌，以免攪出筋性，影響口感。

3　製作蛋白霜

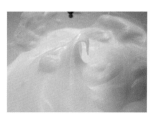

蛋白裡放入鹽（兩個手指頭捏住的量），用電動攪拌器打至五分打發後，加入半量砂糖，打發至出現小彎勾，最後再加入半量砂糖，打至出現彎勾至直立之間。

4　混合材料

先放三分之一的蛋白霜至蛋黃糊中，手動攪拌拌勻至看不到蛋白，再加入三分之一蛋白霜進入蛋黃糊中，在表面一直用劃

圈的方式攪拌。最後把攪拌好的蛋黃糊全部倒到回蛋白霜的盆子，一邊轉著盆子，從底向上均勻拌開，一直到看不到蛋白，動作輕快，以免消泡。

上倒扣放涼至少 3 小時再脫模。將新鮮蘋果切成細丁，撒在蛋糕表面上，再撒上檸檬皮屑，淋上蜂蜜即可享用。

5　入模

將蛋糕糊倒入烤模中，手拿著烤模向下往桌上敲一敲，把空氣敲出來。送入烤箱。

6　入爐烘烤

放入烤箱，180℃ 烤約35 分鐘。中途 15 分鐘過後調換烤模方向，以平均烤色。視表面上色情形蓋上鋁紙。出爐馬

國家圖書館出版品預行編目 (CIP) 資料

野生酵母研究室：從零開始認識酵母、
養酵母、做 50 款中西式麵點的自然發
酵手記，原味零添加的好味道 / 蜜塔木
拉著 . -- 初版 . -- 新北市：幸福文化出版
：遠足文化發行, 2019.05　面；　公分 .
-- (健康區 Food&Wine；13)
ISBN 978-957-8683-43-3 (平裝)

1. 點心食譜　2. 麵包

427.16　　　　　　　108004038

特別聲明：有關本書中的言論內容，不代表本公司／
出版集團的立場及意見，由作者自行承擔文責。

有著作權　侵犯必究

PRINTED IN TAIWAN

※ 本書如有缺頁、破損、裝訂錯誤，
　 請寄回更換

作　　者　蜜塔木拉
攝　　影　蜜塔木拉
責任編輯　梁淑玲
封面設計　白日設計
內頁設計　葛雲
感　　謝　橄欖油、橄欖粒、油漬蕃茄食材
　　　　　由株式会社オリーヴ ドゥ リュック
　　　　　Olives de Luc ltd. 獨家贊助
總編輯　林麗文
副總編　梁淑玲、黃佳燕
主　編　賴秉薇、蕭歆儀、高佩琳
行銷總監　祝子慧
行銷企畫　林彥伶、朱妍靜

出　　版　幸福文化／遠足文化事業股份有限公司
地　　址　231 新北市新店區民權路 108-1 號 8 樓
粉絲團　www.facebook.com/Happyhappybooks
電　　話　（02）2218-1417
傳　　真　（02）2218-8057

發　　行　遠足文化事業股份有限公司（讀書共和國出版集團）
地　　址　231 新北市新店區民權路 108-2 號 9 樓
電　　話　（02）2218-1417
傳　　真　（02）2218-1142
電　　郵　service@bookrep.com.tw
郵撥帳號　19504465
客服電話　0800-221-029
網　　址　www.bookrep.com.tw

法律顧問　華洋國際專利商標事務所　蘇文生律師
初版八刷　2023 年 8 月
定　　價　650 元

請沿虛線剪下，黏貼好後，直接投入郵筒寄回

廣　告　回　信
臺灣北區郵政管理局登記證
第　1　4　4　3　7　號
請直接投郵，郵資由本公司負擔

讀者回函

23141

新北市新店區民權路108-4號8樓

遠足文化事業股份有限公司　收

幸福文化　　　書名 野生酵母研究室　　　書號 0HFW0012

讀者回函卡

感謝您購買本公司出版的書籍，您的建議就是幸福文化前進的原動力。請撥冗填寫此卡，我們將不定期提供您最新的出版訊息與優惠活動。您的支持與鼓勵，將使我們更加努力製作出更好的作品。

讀者資料

● 姓名：＿＿＿＿＿＿　● 性別：□男　□女　● 出生年月日：民國＿＿年＿＿月＿＿日

● E-mail：＿＿＿＿＿＿＿＿＿＿＿＿＿＿＿＿＿＿＿＿＿＿＿＿＿＿

● 地址：□□□□□＿＿＿＿＿＿＿＿＿＿＿＿＿＿＿＿＿＿＿＿＿

● 電話：＿＿＿＿＿＿＿＿　手機：＿＿＿＿＿＿＿＿　傳真：＿＿＿＿＿＿＿＿

● 職業：□學生□生產、製造□金融、商業□傳播、廣告□軍人、公務□教育、文化□旅遊、運輸□醫療、保健□仲介、服務□自由、家管□其他

購書資料

1. 您如何購買本書？□一般書店（　　　縣市　　　　書店）
　□網路書店（　　　　　書店）　□量販店　□郵購　□其他

2. 您從何處知道本書？□一般書店　□網路書店（　　　　　書店）　□量販店
　□報紙　□廣播　□電視　□朋友推薦　□其他

3. 您通常以何種方式購書（可複選）？□逛書店　□逛量販店　□網路　□郵購
　□信用卡傳真　□其他

4. 您購買本書的原因？□喜歡作者　□對內容感興趣　□工作需要　□其他

5. 您對本書的評價：（請填代號 1.非常滿意　2.滿意　3.尚可　4.待改進）
　□定價　□內容　□版面編排　□印刷　□整體評價

6. 您的閱讀習慣：□生活風格　□休閒旅遊　□健康醫療　□美容造型　□兩性
　□文史哲　□藝術　□百科　□圖鑑　□其他

7. 您最喜歡哪一類的飲食書：□食譜　□飲食文學　□美食導覽　□圖鑑
　□百科　□其他

8. 您對本書或本公司的建議：
＿＿＿＿＿＿＿＿＿＿＿＿＿＿＿＿＿＿＿＿＿＿＿＿＿＿＿＿＿＿＿＿＿＿＿
＿＿＿＿＿＿＿＿＿＿＿＿＿＿＿＿＿＿＿＿＿＿＿＿＿＿＿＿＿＿＿＿＿＿＿
＿＿＿＿＿＿＿＿＿＿＿＿＿＿＿＿＿＿＿＿＿＿＿＿＿＿＿＿＿＿＿＿＿＿＿
＿＿＿＿＿＿＿＿＿＿＿＿＿＿＿＿＿＿＿＿＿＿＿＿＿＿＿＿＿＿＿＿＿＿＿